高等教育应用型本科人才培养系列教材

计算机网络原理

郎大鹏　高　迪　程　媛　主编

哈尔滨工程大学出版社
Harbin Engineering University Press

内 容 简 介

本书内容主要包括:计算机网络概述、计算机网络体系结构、物理层、数据链路层、网络层、传输层、应用层、局域网技术和实用网络技术等内容,强化学生用分层次的体系结构来分析资源子网和通信子网的能力。本书适合于应用型人才培养院校选用。

图书在版编目(CIP)数据

计算机网络原理/郎大鹏,高迪,程媛主编. —哈尔滨:哈尔滨工程大学出版社,2018.7(2024.1 重印)
ISBN 978 - 7 - 5661 - 2007 - 6

Ⅰ.①计… Ⅱ.①郎…②高… ③程… Ⅲ.①计算机网络 - 教材 Ⅳ.①TP393

中国版本图书馆 CIP 数据核字(2018)第 150735 号

选题策划 夏飞洋
责任编辑 张忠远 姜 珊
封面设计 刘长友

出版发行 哈尔滨工程大学出版社
社 址 哈尔滨市南岗区南通大街 145 号
邮政编码 150001
发行电话 0451 - 82519328
传 真 0451 - 82519699
经 销 新华书店
印 刷 哈尔滨午阳印刷有限公司
开 本 787 mm ×1 092 mm 1/16
印 张 12.5
字 数 327 千字
版 次 2018 年 7 月第 1 版
印 次 2024 年 1 月第 6 次印刷
定 价 38.00 元
http://www.hrbeupress.com
E-mail:heupress@ hrbeu.edu.cn

前　　言

本书为高等教育自学考试计算机及其应用,以及一些相关专业独立本科阶段"计算机网络原理"课程的自学教材。随着计算机网络技术的不断成熟,计算机科学与技术的发展也突飞猛进。在高等院校中,学生都要学习"计算机网络原理"等相关课程,即便在研究生阶段,也要进一步深入研习计算机网络原理。对于计算机专业及相关专业的学生,毕业后若想在互联网、IT 等行业发展,那么在校期间应学好计算机网络原理。

本书力求做到全面、系统、深入地阐述计算机网络的体系结构、基本工作原理,以及网络通信协议的分层内容,争取满足各类读者系统、深入地学习相关知识的需求。本书结合大量的表格和插图,在介绍网络知识的同时,使晦涩难懂的理论变得通俗易懂,降低了学习难度。

本书的主要任务是讲述计算机网络的基础知识和主流技术,其中包括计算机网络的组成、体系结构及协议、局域网的标准及主流局域网技术、广域网、网络互联技术、网络应用等。本书侧重于讲解计算机网络体系结构、体系结构中各层的意义及其相互间的关系,以及网络互联等知识。本书可为将来从事计算机网络通信领域相关工作的学生提供必要的基础知识,并帮助其打下良好的基础,此外,本课程也是实践技能训练中的一个重要教学环节。

本书既可作为网络工程师学习和工作时的参考资料,也可作为参加高等教育自学考试学生自学计算机网络技术的教材。由于编者水平有限,书中难免存在不妥和错误之处,恳请广大读者批评指正。

编　者
2018 年 5 月

目　　录

第1章 计算机网络概述

1.1 计算机网络在信息时代的应用

1.信息时代的特征

21 世纪的重要特征就是数字化、网络化和信息化,它是一个以网络为核心的信息时代。

网络是指"三网",即电信网络、有线电视网络和计算机网络。其中,发展最快的并起到核心作用的是计算机网络。

2.计算机网络的定义

(1)广义定义

一些相互连接的、以共享资源为目的的、自治的计算机的集合,统称为计算机网络。若按此定义,则早期面向终端的网络都不能称为计算机网络,只能称为联机系统(早期的许多终端不完全是自治的计算机)。随着硬件价格的下降,许多终端都具有一定的智能特性,因而"终端"和"自治的计算机"逐渐失去了严格的界限。若按上述定义,将微型计算机作为终端使用,则早期面向终端的网络也可称为计算机网络。

(2)从逻辑功能定义

计算机网络是以传输信息为基础目的,利用通信网络将多个计算机连接起来的计算机系统的集合,一个计算机网络包括传输介质和通信设备。

(3)从用户角度定义

计算机网络是一个能为用户提供自动管理的网络操作系统。通过它的调用来完成用户所需要资源的调用,而整个网络像一个大的计算机系统一样,对用户是透明的。

通俗来说,计算机网络是将地理位置不同且具有独立功能的多台计算机及其外部设备通过通信线路连接起来,并在网络操作系统、网络管理软件及网络通信协议的管理和协调下,实现资源共享和信息传递的计算机系统。

3.计算机网络的功能

(1)数据通信

数据通信是计算机网络的基本功能,可实现不同地理位置的计算机与终端、计算机与计算机之间的数据传输。

(2)资源共享

共享的资源包括网络中的硬件资源、软件资源、数据资源、信道资源等,同时资源共享也是计算机网络最主要的功能。

(3)集中管理

计算机在没有联网的条件下,每台计算机都是一个"信息孤岛",必须分别对这些计算机进行管理。计算机联网后,可以在某个中心位置实现对整个网络的管理。如数据库情报检索系统、交通运输部门的订票系统、军事指挥系统等。

（4）分布式处理

将需要处理的任务分散到各个计算机上运行,而不是集中在一台大型计算机上。这样,不仅可以降低软件设计的复杂性,而且还可以大大地提高工作效率,降低成本。

（5）均衡负荷

当网络中某台计算机的任务负荷太重时,通过网络和应用程序的控制与管理,将作业分散到网络中的其他计算机上,由多台计算机共同完成。

计算机网络的主要功能也是互联网的两个基本特点,即连通性与共享。

目前,最大的计算机网络就是 Internet。Internet,中文正式译名为因特网,又叫作国际互联网。它是由使用公用语言且互相通信的计算机连接而成的全球网络。一旦用户连接到它的任何一个节点,就意味着用户的计算机已经连入 Internet 了。目前,Internet 的用户已经遍及全球,并且它的用户数量还在以等比级数上升。

4.计算机网络的主要应用领域

（1）计算机网络在现代企业中的应用

计算机网络的发展和应用改变了传统企业的管理模式和经营模式。在现代企业中,企业信息网络得到了广泛的应用。它是一种专门用于企业内部信息管理的计算机网络,覆盖企业生产经营管理的各个部门,在整个企业范围内提供硬件、软件和信息资源共享。

企业信息网络根据企业经营管理的地理分布状况,它可以是局域网,也可以是广域网,既可以在近距离范围内自行铺设网络传输介质,也可以跨区域利用公共通信网络进行管理与经营。

企业信息网络的应用已经成为现代企业的重要特征。现代企业通过企业信息网络摆脱了地理位置带来的不便,可以对广泛分布在各地的业务进行及时、统一的管理和控制,实现了在全企业内部的信息资源共享,大大地提高了企业在市场中的竞争能力。

（2）计算机网络在娱乐领域的应用

计算机游戏中单机游戏的时代已经过去。现在的计算机网络游戏,可以将远隔千山万水的玩家共同置身于虚拟现实中,通过 Internet 相互博弈,并在虚拟现实中为其营造身临其境的感受。网络游戏诞生的使命就是"通过互联网服务中的网络游戏服务,提升全球人类生活品质"。网络游戏的诞生让人类的生活更加丰富,从而促进全球人类社会的进步,并且丰富了人类的精神世界和物质世界,让人类的生活品质更高,让人类的生活更加快乐。2000 年 7 月,国内第一款真正意义上的中文图形 Mud 游戏——《万王之王》正式推出,凭借较高的游戏质量,结合时代特征,成为中国第一代网络游戏中无可争议的王者之作。2004年推出的《魔兽世界》在全球范围内已经拥有超过 1 000 万的玩家,在中国更有 350 万的玩家称其为"最卖座的网游"。

计算机网络还改变了我们对于电视节目的概念,使人们终于能够完全地控制电视,跳出频道和播出日程表的束缚。网络电视的出现给人们带来了一种全新的电视观看方式,它改变了以往被动的观看模式,实现了电视以网络为基础的按需观看、随看随停。

（3）计算机网络在商业领域的应用

近几年来,中国电子商务的发展十分迅速,改变了人们传统的购物习惯。电子商务可以降低经营成本,简化交易流通过程,改善物流和资金流、商品流、信息流的环境与系统,同时,电子商务的发展还带动了物流业的发展。我国电子商务经过十几年的时间从萌芽状态发展成初具规模的状态。这期间,网商、网企、网银等专业化服务和从业人员呈几何级数递增,已成为引领现代服务业的产业,在促进现代服务业融合、推进创业、完善商务环境等方面所起到的作用越来越明显。

2012 年中国电子商务交易总额为 8 万亿元,全球排名第二位,仅次于美国,2013 年中国电子商务交易额超过 10 万亿元。到 2012 年底,全国连锁百强企业中已有 62 家开通了网络零售业务。此后,越来越多的企业看到电子商务的优势,不论是自建独立的官方电子商务平台,还是使用第三方的电子商务平台,都使电子商务的渗透率保持高速的增长。随着网购理念的普及以及电子商务对于网购服务的改善,电子商务逐渐形成规模庞大的经济体,并与实体经济一同给社会经济发展注入动力。

(4)计算机网络在教育领域的应用

在传统的教学模式中,学生只是被动地接受知识,俗称"填鸭式教育",它是比较普遍的现象,不仅影响了学生获取知识的效果,也遏制了学生的学习兴趣。随着计算机网络的发展,其在教育领域中的应用也极其广泛,教育管理、后勤服务、教师教学、学生自主学习等,都能够在计算机网络上进行。

远程教育是计算机网络在教育领域应用的集中体现。利用网络共享教育资源,把优秀的教学资源传播出去,可以帮助一些资源较匮乏、教育较落后的学校,也可以在一定程度上缓解教育发展不均衡的现状。学生可以在网上找到所需内容,也可以在线向老师提出问题,在线提交作业并完成考试,从而提高学习效率。通过网络与教育的结合,学生的受教育过程变得更加自主。网络打破了传统教育的单一模式,实现了教育资源的共享,促进了学习的个性化,增加了个人受教育的机会。计算机网络在未来教育中的应用将会更加广泛,并为教育领域贡献力量。

(5)计算机网络在现代医疗领域的应用

计算机网络技术的发展给医疗领域带来了巨大的变革。建设信息化医院,能实现医疗信息的高度共享、降低医务人员的劳动强度、优化患者诊疗流程并提高对患者的治疗速度。

计算机网络在医学多媒体教学上也得到了广泛的应用,多媒体教学具有自然直观的特点和优点,能按照教学思路将知识以方便、灵活、图文并茂的方式传授给学生。在远程医学上,利用远程通信技术,以及双向传送资料(包括病例、心电图、脑电图等)、声音(包括心音、呼吸音等)、图像(包括 X 线片、CT 片、超声图像等)的方式,开展远程医疗会诊活动,让病人在节约大量时间和费用的同时,可以得到专家远程会诊咨询的服务,改善医疗资源配置不均衡的现状,降低成本。

当然,计算机网络的应用不仅仅只有这些,还有军事上的独立通信计算机网络、大数据、云计算等,其应用范围越来越广。

1.2　互联网概述

因特网(Internet)是在美国早期的军用计算机网 ARPANET(阿帕网)的基础上,经过不断发展变化而形成的。Internet 的起源主要可分为以下几个阶段。

1. Internet 的雏形阶段

1969 年,美国国防部高级研究计划局(Advance Research Projects Agency, ARPA)开始建立一个名为 ARPANET 的网络。当时计划建立这个计算机网络的目的是出于军事需要,当网络中的一部分被破坏时,其余部分网络会很快建立起新的联系。人们普遍认为这就是 Internet 的雏形。

2. Internet 的发展阶段

美国国家科学基金会(National Science Foundation, NSF)在 1985 开始建立计算机网络 NSFNET。NSF 规划建立了 15 个超级计算机中心及国家教育科研网,用于支持科研和教育的全国规模的 NSFNET,并以此为基础,实现同其他网络的连接。NSFNET 成为 Internet 中用于科研和教育的主干部分,代替了 ARPANET 的骨干地位。1989 年 MILNET(由 ARPANET 分离出来)实现和 NSFNET 连接后,就开始采用 Internet 这个名称。自此以后,其他部门的计算机网络相继并入 Internet,ARPANET 就宣告解散了。

3. Internet 的商业化阶段

20 世纪 90 年代初,商业机构开始进入 Internet,使 Internet 开始有了商业化的新进程,成为 Internet 发展的强大推动力。1995 年,NSFNET 停止运营,Internet 已彻底商业化了。

Internet 是一个全球信息资源的总汇。有一种说法,认为 Internet 是由许多小的网络(子网)互联而成的一个逻辑网,每个子网中连接着若干台计算机(主机)。Internet 以相互交流信息资源为目的,基于一些共同的协议,并由许多路由器和公共互联网组成,它是一个信息资源和资源共享的集合。计算机网络只是传播信息的载体,而 Internet 的优越性和实用性则在于其本身,Internet 最高层域名分为机构性域名和地理性域名两大类,目前主要有 14 种机构性域名。

1995 年 10 月 24 日,联合网络委员会通过了一项决议:将"互联网"定义为全球性的信息系统。主要内容有以下几点。

(1)通过全球性唯一的地址有逻辑地连接在一起。这个地址是建立在互联网协议(IP)或今后其他协议基础之上的。

(2)可以通过传输控制协议和互联协议(TCP/IP),或者今后其他接替协议,或者与互联协议(IP)兼容的协议来进行通信。

(3)可以让公共用户或者私人用户使用高水平的服务,这种服务是建立在上述通信及相关的基础设施之上的。

实际上由于互联网是划时代的,它不是为某一种需求设计的,而是一种可以接受任何新的需求的总体基础结构。人们可以从社会、政治、文化、经济、军事等各个层面去理解其意义和价值,或者说 Internet 是一项往纵深方向发展的技术,是人类进入网络文明阶段或信息社会的标志。对于 Internet 将来的发展,人们给以准确的描述是十分困难的。根据目前的情形,互联网早已突破了技术的范畴,成为人类向信息文明迈进的纽带和载体。总之,Internet 是我们今后生存和发展的基础设施,它直接影响着我们的生活方式。

Internet 为什么这么受欢迎呢?因为 Internet 在为人类提供计算机网络通信设施的同时,还为广大用户提供了非常友好的、人人乐于接受的访问方式。Internet 使计算机工具、网络技术和信息资源不仅被科学家、工程师和计算机专业人员使用,同时也为广大群众服务,进入非技术领域,如今,Internet 早已走进千家万户。Internet 已经成为当今社会最实用的工具,它正在悄悄地改变着我们的生活方式。

Internet 对于个人用户来说意味着什么呢？其实，Internet 到底是什么对个人用户来说并没有重要的意义，我们只需要考虑用它来做什么事情。例如，发一封 E-mail、浏览信息、看看股市行情、找人聊天，等等。个人用户不用关心 Internet 是如何组合在一起的，或者被访问的对象在哪里等这些问题，你只要坐在家中，拿起鼠标操作就可以了。

我们听到过太多的政治家、经济学家、未来学家、技术专家、理论家、企业家等大谈关于网络时代、信息社会和知识经济的演讲，网络终究会成为每个人生活的一部分，就像人每天都要吃饭一样。在 21 世纪，全球化、信息化、网络化是世界经济和社会发展的必然趋势，Internet 的迅猛发展则顺应了这个趋势。它实现了在任何地点、任何时间都能进行全球个人通信，使社会的运作方式，人类的学习、生活、工作方式发生了巨大的变化。

另一个现象表明，现在绝大多数行业与名词的前面都可以冠以"网络"一词，如网络银行、网络学校、网络书店、网络电话……好像一切都网络化了。如今，科技进步日渐成为社会经济发展的决定因素，国际竞争已演变成高科技为主导的综合国力的较量。人类正步入知识经济时代，这场经济革命的先导，正是网络化的计算机和通信技术。

计算机网络（以下简称为网络）是由若干节点和连接这些节点的链路组成的。节点可以是路由器、集线器、交换机等。

如图 1-1(a)所示，给出了一个具有 4 个节点和 4 条链路的网络。由图可知，有 3 台计算机网络通过 3 条链路连接到了一个集线器上，构成了一个简单的计算机网络。

如图 1-1(b)所示，网络之间还可以用路由器进行互连，这就构成了一个覆盖范围更大的计算机网络。这样的网络称为"互联网（internetwork）"，因此，互联网是"网络的网络"。

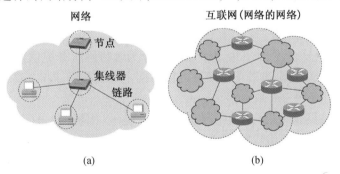

图 1-1　网络及互联网模型

(a)简单的网络；(b)由网络构成的互联网

一般情况下，用一朵云表示一个网络。当用一朵云来表示网络时，会有两种情况：一种是包含了网络与网络相连的计算机；另一种是只有路由器和链路，计算机连在云外面。连在云外面的计算机常称为主机。

网络是把许多计算机连接在一起，而互联网是把许多网络通过路由器连接在一起，与网络相连的计算机通常称为主机。

值得注意的是，网络互联不是把计算机简单的在物理意义上进行连接，因为这样不能达到计算机之间交换信息的目的，必须安装能交换信息的软件才行。

以下是关于互联网基础结构发展的三个阶段。

第一阶段——从单个网络 ARPANET 向互联网发展。1969 年，美国国防部创建的第一个分组交换网 ARPANET 最初只是一个单个的分组交换网，所有连接在 ARPANET 上的主机都直接与就近的节点交换机相连。到了 20 世纪 70 年代中期,人们已认识到不可能仅使用一个单独的网络来解决所有的通信问题,这就导致了后来互联网的出现。这样的互联网就成为现在因特网(Internet)的雏形。1983 年,TCP/IP 协议成为 ARPANET 上的标准协议,使所有使用 TCP/IP 协议的计算机都能利用互联网相互通信,因而,人们就把 1983 年作为因特网的诞生时间。1990 年 ARPANET 正式宣布关闭,因为它的实验任务已经完成。

请读者注意以下两个意思相差很大的英文单词:internet 和 Internet。

以小写字母 i 开头的 internet(互联网)是一个通用名词,它泛指由多个计算机网络互联而成的网络,在这些网络之间的通信协议(即通信规则)可以是任意的;以大写字母 I 开头的 Internet(因特网)则是一个专有名词,它指当前全球最大的、开放的、由众多网络相互连接而成的特定计算机网络,它采用 TCP/IP 协议族作为通信的规则,其前身是美国的ARPANET。

第二阶段——逐步建成了三级结构的因特网。从 1985 年起,美国国家科学基金会就以6 个大型计算机为中心建设计算机网络,即国家科学基金网 NSFNET。它是一个三级计算机网络,分为主干网、地区网和校园网(或企业网)。这种三级计算机网络覆盖了美国主要的大学和研究所,并且成为因特网中的主要组成部分。1991 年,NSF 和美国的其他政府机构开始认识到因特网必将扩大使用范围,不应仅限于大学和研究机构,因此,世界上的许多公司纷纷接入到因特网,使网络上的通信量急剧增大,因特网的容量已满足不了人们的需要。于是,美国政府决定将因特网的主干网转交给私人公司来经营,并开始对接入因特网的单位收费。1992 年因特网上的主机超过 100 万台,1993 年因特网主干网的速率提高到 45Mb/s(T3 速率)。

第三阶段——逐渐形成了多层次 ISP 结构的因特网。ISP 是因特网服务提供者的英文缩写,表示为 Internet service provider,ISP 又常被译为因特网服务提供商。从 1993 年开始,由政府资助的 NSFNET 逐渐被若干个商用的因特网主干网替代,同时,政府机构不再负责因特网的运营,而是让各种 ISP 来运营。

ISP 可以从因特网管理机构中申请到成块的 IP 地址(因特网上的主机都必须有 IP 地址才能进行通信,同时拥有通信线路,大的 ISP 自己建设通信线路,小的 ISP 则向电信公司租用通信线路)以及路由器等连网设备。任何机构和个人只要向 ISP 交纳规定的费用,就可从 ISP 得到所需的 IP 地址,并通过该 ISP 接入到因特网。通常所说的“上网”就是指“通过某个 ISP 接入到因特网”。IP 地址的管理机构不会把某一个 IP 地址分配给某个用户,而是把一批 IP 地址有偿分配给经审查合格的 ISP(只“批发”IP 地址)。由以上可以看出,现在的因特网已不是被某单个组织所拥有的,而是被全世界无数大大小小的 ISP 所共同拥有。如图1 - 2 所示,说明了用户要通过 ISP 才能连接到因特网。

根据提供服务所覆盖面积的大小及所拥有 IP 地址数目的不同,ISP 也会分成不同的层次。如图 1 - 3 所示是具有三层结构的因特网的概念示意图,但这种示意图并不表示各 ISP 的地理位置关系。

在图 1 - 3 中,最高级别的第一层 ISP(tier-1ISP)的服务面积最大,一般都能够覆盖国际性区域范围,并拥有高速链路和交换设备。第一层 ISP 通常也被称为因特网主干(Internetbackbone),并直接与其他第一层 ISP 相连。第二层 ISP 和一些大公司都是第一层 ISP 的用户,通常具有区域性或国家性的覆盖规模,与少数第一层 ISP 相连接。第三层 ISP 又称为本地 ISP,它们是第二层 ISP 的用户,且只拥有本地范围的网络,一般的校园网或企业网以及住宅用户和无线移动用户等,都是第三层 ISP 的用户。ISP 的用户收费标准,通常根据连接两者的带宽而定。一个 ISP 也可以选择与其他同层次 ISP 相连,当两个同层次 ISP 彼此直接相连时,它们对于彼此是对等的。

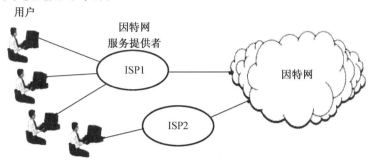

图 1-2 用户通过 ISP 接入因特网

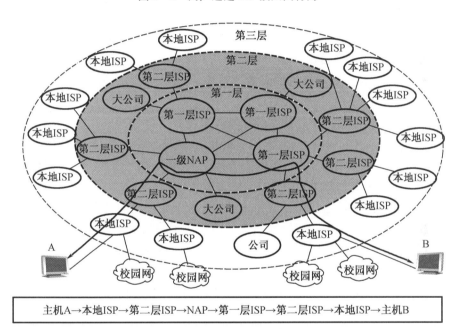

图 1-3 基于 ISP 的三层结构的因特网的概念示意图

由图 1-3 可看出,因特网逐渐演变成基于 ISP 的多层次结构网络。如今的因特网由于规模太大,已经很难对整个网络的结构给出细致的描述。

以下这种情况是经常遇到的,即相隔较远的两台主机的通信可能需要经过多个 ISP。因此,当主机 A 和另一台主机 B 通过因特网进行通信时,实际上也就是它们需要通过许多中间的 ISP 进行通信。

顺便指出,一旦某个用户能够接入到因特网,那么他就能够成为一个 ISP。他需要做的就是购买一些如调制解调器或路由器这样的设备,让其他用户能够和他相连接。

因特网已经成为世界上规模最大和增长速率最快的计算机网络,没有人能够准确说出因特网究竟有多大。因特网的迅猛发展始于 20 世纪 90 年代。由欧洲原子核研究组织开发的万维网(World Wide Web, WWW)在因特网上被广泛使用,极大地方便了广大非网络专业人员对网络的使用,成为因特网呈指数级增长的主要驱动力。万维网的站点数也急剧增长。在因特网上的数据通信量每月约增加10%。表1-1是截至2005年因特网上的网络数、主机数、用户数和管理机构数的简单概括。

表1-1 因特网的发展概况

年份	网络数	主机数	用户数	管理机构数
1980	10	10^2	10^2	10^0
1990	10^3	10^5	10^6	10^1
2000	10^5	10^7	10^8	10^2
2005	10^6	10^8	10^9	10^3

由于因特网存在技术上和功能上的不足,加上用户数量猛增,使现有的因特网不堪重负。因此,1996年美国的一些研究机构和34所大学提出研制和建造新一代因特网的设想,并推出了"下一代因特网计划",即NGI(next generation Internet initiative)。

NGI计划要实现的主要目标如下所述。

(1)开发下一代网络结构,提供更高的连接速率,端到端的传输速率达到100 Mb/s至10 Gb/s。

(2)使用更加先进的网络服务技术和开发许多带有革命性的应用,如远程医疗、远程教育、有关能源和地球系统的研究、高性能的全球通信、环境监测和预报、紧急情况处理等。

(3)使用超高速全光网络,能实现更快速地交换和路由的选择,同时具有为一些实时(real time)应用保留带宽的能力。

(4)对整个因特网的管理和保证信息的可靠性及安全性方面进行较大的改进。

目前,中国也在积极开展下一代互联网的研究,实施中国下一代互联网示范工程。其目的是建设下一代互联网示范平台,开展下一代互联网关键技术研究、关键设备和软件的开发和应用示范。同时,积极加入相关国际组织,开展国际合作,在下一代互联网IP地址分配、根域名服务器设置及有关国际标准制定等方面充分发挥我国科技界和产业界的作用。

1.3 计算机网络的分类

在计算机网络发展过程中形成了多种形式的计算机网络,根据各种网络的技术特征,对网络的分类方法有很多种。了解计算机网络的分类方法,从不同角度观察网络,将会对计算机网络的特性有进一步的理解。下面介绍几种常用的计算机网络分类方法。

1.3.1 按网络拓扑结构分类

计算机网络拓扑指的就是通信子网的拓扑结构。它是通过网络中节点与通信线路之间的几何关系来表示网络结构的,反映出网络中各实体之间的结构关系。在解决给定计算机位置、保证一定的网络响应时间、吞吐量和可靠性的条件下,人们通过选择适当的线路、带宽和连接方式,使整个网络的结构合理是设计计算机网络的第一步。

基本的网络拓扑结构有5种:星状、环状、总线型、树状和网状拓扑结构,如图1-4

所示。

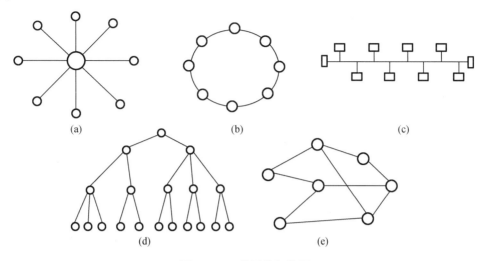

图 1-4　5 种网络拓扑图
(a)星状;(b)环状;(c)总线型;(d)树状;(e)网状

1.星状拓扑结构

星状拓扑结构的网络属于集中控制型网络,各节点通过点到点连接的方式连接到中心节点,各从节点之间不能直接通信,必须通过中心节点来完成。

星状拓扑结构有两类:一类是中心节点仅起到使各从节点连通的作用;另一类是中央节点是具有很强处理能力的计算机,从节点是一般的计算机或终端,这时中心节点有转接和数据处理的双重功能。强大的中央节点会成为从节点共享的资源,中心节点也可以按存储转发方式工作。

星状拓扑结构的优点:结构简单,易于扩充,方便管理。星状拓扑结构的缺点:对中心节点依赖性大,中心节点限制了全网的性能和可靠性。

2.环状拓扑结构

环状拓扑结构各节点通过环路接口连在一条首尾相连的闭合环形通信线路中,数据在环上单向流动,每个节点按位转发所经过的信息,常用令牌控制协调各节点的数据发送。

环状拓扑结构的优点:结构简单,传输延时确定。环状拓扑结构的缺点:网络可靠性对环路更加依赖,任何一个节点或线路出现故障,都有可能造成网络瘫痪。

3.总线型拓扑结构

总线型拓扑结构是由一条高速公用总线连接若干个节点所形成的网络,其中一个节点是网络服务器,由它提供网络通信及资源共享服务,其他节点是网络工作站(即用户计算机)。总线型拓扑网络通常采用广播通信方式,即由一个节点发出的信息可被网络上的多个节点所接收。由于多个节点连接到一条公用总线上,因此必须采用某种介质访问控制方法来分配信道,以保证在一段时间内只允许一个节点传送信息。目前采用的且已列入国际标准的介质访问控制方法有 CS-MA/CD 和令牌传递。

在总线结构网络中,作为数据通信必经的总线的负载能力是有限度的,这是由通信介质本身的物理性能决定的。所以,总线网络中工作站节点的个数是有限制的,如果工作站节点的个数超出总线负载能力,就需要采用分段等方法,并加入相当数量的附加部件,将总线负载限制在其能力范围之内。

总线型拓扑结构的优点:网络结构简单灵活、可扩充、设备投入量少、成本低、安装使用方便。总线型拓扑结构的缺点:某个工作站点出现故障时,对整个网络系统影响较大,特别是所有的工作站通信均通过一条共用的总线,所以实时性较差,当节点通信量增加时,性能会急剧下降。

4. 树状拓扑结构

树状拓扑结构,又称为层次结构。树状拓扑结构的特点是联网的各个计算机按树形或塔形分布,每个节点都为计算机。一般来说,越靠近树根或塔的顶部,节点的处理能力就越强,最底层的节点命名为 0 级,次底层的为 1 级,塔顶的级别最高。低层计算机的功能和应用一般都具有明确的定义和很强的专门化任务,塔的顶部则有更通用的功能,以便控制协调系统进行工作。低层的节点通常仅带有有限数量的外围设备,相反,顶部的节点常带有前端机的中型甚至大型计算机。例如,数据收集和变换都在低层处理,而数据处理、命令执行(控制)、综合处理等都由顶部节点完成,其中共享的数据库放在顶部而不分散在各个低层节点。信息在不同层次上垂直进行传输,这些信息可以是程序、数据、命令或以上三者的结合。层次结构如果仅有两级,就变成星状拓扑结构,一般来说,层次结构的层也不宜过多,以免转接开销过大。

树状拓扑适用于相邻层通信较多的情况。典型的应用是,低层节点解决不了的问题,请求中层解决,中层计算机解决不了的问题请求顶层的计算机来解决。

5. 网状拓扑结构

网状拓扑结构,又称为无规则型拓扑。广域网一般会采用网状拓扑。在广域网中,互连的计算机一般都安装在各个城市,各节点间距离很长,某些节点间是否用点 – 点线路专线连接,要依据二者间的信息流量以及网络所处的地理位置而定。如某节点的通信可由其他中继节点转发且不影响网络性能的情况,可不必直接互连。因此,在地域范围大且节点数较多时,部分节点连接到网络必然带来由中继节点转发而相互通信的现象,这种现象称为交换。

1.3.2　按网络覆盖范围分类

计算机网络按照其覆盖的地理范围进行分类,可以很好地反映不同类型网络的技术特征。按照地理范围划分,计算机网络可以分为以下 5 类。

广域网(Wide Area Network,WAN);城域网(Metropolitan Area Network,MAN);局域网(Local Area Network,LAN);个人区域网(Personal Area Network,PAN);人体局域网(Body Area Network,BAN)。

在计算机网络发展的过程中,发展最早的是广域网技术,其次是局域网技术。早期的城域网技术是包含在局域网技术中与其同步开展研究的,最后出现的是个人区域网和人体局域网。随着网络技术的广泛应用,尤其是互联技术的发展,使得广域网、城域网、局域网、个人区域网与人体局域网各自按照不同的应用定位快速发展,形成了各自的技术特点。网络互联技术使局域网、城域网、个人区域网与人体局域网都能够通过广域网互联起来,组成了各种结构的网际网。

1. 广域网(WAN)

广域网又称为远程网,是指一种跨地区的数据通信网络,通常由两个或多个城域网组成。广域网的覆盖范围比局域网和城域网都广,一般在 100 km 以上,属于大范围联网,如几个城市、一个或几个国家,并能提供远距离通信,形成国际性的远程网络。广域网是网络系统中的最大型网络,能实现大范围的资源共享,相当于是把局域网、城域网连接起来的大网络。一个国家应该算是一个广域网,而超过这个范围,将许多国家级的广域网结合在一起,就形成了全球互联的"因特网"。因此,互联网是局域网的再发展、广域网与广域网再结合的结果,因特网就是世界范围内最大的互联网。

广域网包含运行用户程序的计算机和通信子网(communication subnet)两部分。运行用户程序的计算机通常称为主机,在有的文献中称为端点系统(end system)。主机通过通信子网进行连接。广域网的通信子网可以利用公用分组交换网、卫星通信网和无线分组交换网将分布在不同地区的局域网或计算机系统互联起来,达到资源共享的目的。

广域网的拓扑结构比较复杂,因此,组建广域网的重要问题是 IMP 互联的拓扑结构设计。广域网的另外一种组建方式是卫星或无线网络。每个中间转接点都通过天线接收、发送数据,所有的中间站点都能接收来自卫星的信息,并能同时监听其相邻站点发往卫星的信息。可见,单独建造一个广域网是极其昂贵且不现实的,所以人们常常借助于公共传输网来实现。

广域网有以下两个基本技术特征。

(1)广域网是一种公共数据网络

局域网、个人区域网、人体局域网一般属于一个单位或个人所有,组建成本低、易于建立与维护,通常是自建、自管、自用。而广域网建设投资很大,管理困难,通常由电信运营商负责组建、运营与维护。有特殊需要的国家部门与大型企业也可以组建自己使用和管理的专用广域网。

网络运营商组建的广域网为广大用户提供高质量的数据传输服务,因此这类广域网具有公共数据网络(Public Data Network,PDN)的性质。用户可以在公共数据网络上开发各种网络服务系统。如果用户要使用广域网服务,需要向广域网的运营商租用通信线路或其他资源。网络运营商需要按照合同的要求,为用户提供 7×24 小时(每个星期 7 天、每天 24 小时)的服务。

(2)广域网研发的重点是宽带核心交换技术

早期的广域网主要用于大型计算机系统与中小型计算机系统的互联。大型或中小型计算机的用户终端接入到本地计算机系统,本地计算机系统再接入到广域网中。用户通过终端登录到本地计算机系统之后,才能实现对异地联网的其他计算机系统硬件、软件或数据资源进行访问和共享。针对这样一种工作方式,人们提出了"资源子网"与"通信子网"的两级结构概念。随着互联网应用的发展,广域网更多的是作为覆盖地区、国家、洲际地理区域的核心交换网络平台。

目前,大量的用户计算机通过局域网或其他接入技术接入到城域网,城域网接入到不同城市的广域网,大量的广域网互联形成了 Internet 的宽带、核心交换平台,从而构成了具有层次结构的大型互联网络。因此,简单的描述单个广域网的通信子网与资源子网的两级结构概念,已不能准确地描述当前的互联网网络结构。

随着网络互联技术的发展,广域网作为互联网的宽带核心交换平台,其研究重点已经从开始阶段的"如何接入不同类型的异构计算机系统"转变为"如何提供能够保证服务质量(Quality of Service,QoS)的宽带核心交换服务"。因此,广域网研究的重点是"保证 QoS 的宽带核心交换"技术。

2. 城域网(MAN)

城域网是在一个城市范围内所建立的计算机通信网。城域网的地理范围可从几十千米到数百千米,可覆盖一个城市或地区,是一种中等形式的网络。城域网的典型应用即为宽带城域网,就是在城市范围内,以 IP 技术为基础,以光纤作为传输介质,集数据、语音、视频服务于一体的高带宽、多功能、多业务接入的多媒体通信网络。

城域网基本上是一种大型的局域网,通常使用与局域网相似的技术,传输速率在 2 Mb/s ~ 1 Gb/s。城域网的一个重要用途是用作骨干网,它可以将位于同城市内不同地点的主机、数据库及局域网等互联起来,这与广域网的作用有相似之处,但两者在实现方法与性能上有很大差别。局域网或广域网通常是为一个单位或系统服务,而城域网则是为整个城市而不是为某个特定的部门服务的。

宽带城域网技术的主要特征如下:

(1)完善的光纤传输网是宽带城域网的基础;

(2)传统电信、有线电视与 IP 业务的融合成为宽带城域网的核心业务;

(3)高端路由器和多层交换机是宽带城域网的核心设备;

(4)扩大宽带接入的规模与服务质量是发展宽带城域网应用的关键。

如果说广域网设计的重点是保证大量用户共享主干通信链路的容量,那么城域网设计的重点是交换节点的性能与容量。城域网的每个交换节点都要保证大量接入用户的服务质量。当然,城域网连接每个交换节点的通信链路带宽也必须得到保证。因此,不能简单地认为城域网是广域网的缩微,也不能简单地认为城域网是局域网的自然延伸,宽带城域网应该是一个在城市区域内,为大量用户提供接入和各种信息服务的高速通信网络。

宽带城域网的结构特点需要从功能结构与网络层次结构两个方面来认识。宽带城域网的功能结构由"三个平台与一个出口"构成,即管理平台、业务平台、网络平台,以及城市宽带出口。

(1)管理平台

组建的宽带城域网一定是可管理的。作为一个实际运营的宽带城域网,需要有足够的网络管理能力。管理平台的作用主要表现在用户认证与接入管理、业务管理、网络安全、计费能力、IP 地址分配与 QoS 保证等方面。

(2)业务平台

组建的宽带城域网一定是可赢利的。宽带城域网的业务平台可以为用户提供 Internet 接入业务、虚拟专网业务、话音业务、视频与多媒体业务、内容提供业务等。

(3)网络平台

宽带城域网的网络平台是由核心交换层、边缘汇聚层与用户接入层组成。

(4)城市宽带出口

组建城域网一个重要的目的是满足一个城市地区范围内各类用户接入 Internet 的需求,城市宽带出口是连接城域网与地区级或国家级的主干网,是接入 Internet 的重要通道。

3. 局域网(LAN)

局域网是指在某一区域内由多台计算机互联而成的计算机通信网络。局域网的覆盖地理范围一般在几千米以内,如一幢建筑物内、一所学校内、一家工厂的厂区内等。局域网可以实现文件管理、应用软件共享、打印机共享、工作组内的日程安排、电子邮件和传真通信服务等功能。局域网的组建简单、灵活、使用方便,可以由办公室内的两台计算机组成,也可以由一家公司内的上千台计算机组成。

局域网由网络硬件(包括网络服务器、网络工作站、网络打印机、网卡、网络互联设备等)、网络传输介质,以及网络软件所组成。决定局域网的主要技术有拓扑结构、传输介质、介质访问控制(Medium Access Control,MAC)方法和网络软件。从介质访问控制方法的角度来看,局域网可以分为共享局域网与交换式局域网。

局域网有别于其他类型网络的典型技术特征如下。

(1)局域网是一个计算机通信网络,以实现数据通信为目的,所连接的设备具备数据通信功能,能方便地共享外部设备、主机以及软件资源。局域网一般以 PC 为主体,包括终端及各种外设,网络中一般不设中央主机系统。

(2)覆盖的地理范围较小,为 0.5 m ~ 25 km,通常限于一幢建筑物、一所校园或一个企业内部。局域网一般为一个单位所拥有,其地理范围和站点数目均有限制。

(3)信道带宽大,数据传输速率高、误码率低。数据传输速率一般为 10 ~ 1 000 Mb/s,目前可高达 10 Gb/s、40 Gb/s,直至 100 Gb/s。误码率一般为 $10^{-12} \sim 10^{-7}$。这是因为局域网通常采用短距离基带传输,可以使用高质量的传输介质,从而提高了数据传输质量。

4. 个人区域网(PAN)

随着笔记本电脑、智能手机、掌上电脑(PDA)与信息家电的广泛应用,人们逐渐提出自身附近 10 m 范围内的个人操作空间移动数字终端设备联网的需求。由于个人区域网络主要是用无线通信技术实现联网设备之间的通信,因此就出现了无线个人区域网(WPAN)的概念。目前无线个人区域网主要使用 802.15.4 标准、蓝牙与 ZigBee 标准。

5. 人体局域网(BAN)

无线人体局域网(WBAN)通常被看作是应对医疗保健费用高和医疗服务提供商贫乏的一种解决方法。无线标准组织和 IEEE 都在研发无线人体局域网技术。近几年,无线人体局域网技术的出现解决了偏远地区患者的监护问题,降低了医疗成本并提高了人们对于疾病预防和早期疾病监测的认识,这些都是人体局域网不断发展的动力。

疾病监控与健康保健系统对人体局域网的需求主要表现为以下两点。

(1)应用系统需要将人体携带的传感器或移植到人体内的生物传感器节点组成人体局域网,将采集的人体生理信号(如温度、血糖、血压、心跳等参数),以及人体活动或动作信号、人所在的环境信息,通过无线方式传送到附近的基站。因此,用于智能医疗的人体局域网主要是无线人体局域网。

(2)应用系统不需要有很多节点,节点之间的距离一般在 1 m 左右,并且对传输速率要求不高。无线人体局域网的研究目标是希望为互联网智能医疗应用提供一个集成硬件、软件的无线通信平台,特别强调的是要适应可穿戴与可植入生物传感器的尺寸要求,以及低功耗的无线通信要求。因此,无线人体局域网又称为无线个人传感器网络(WBSN)。

人体局域网传感器主要分为两类:穿戴式人体局域网贴在人体表面或者植入人体浅层,用于短期检测;植入式人体局域网安装在人体较深区域,拥有主动刺激和生理监测功能,是一些慢性疾病检测的理想选择。

人体局域网的特点是易配置、低成本、超低功耗和高可靠的传感器系统。它的包装和工作运行必须是无菌的,以用于人体表面或者内部。另外,无线通信必须足够通畅,能够经受各种环境的射频信号(RF)干扰,如 Wi-Fi 网络、微波炉和无线电话等。

1.3.3 按网络交换方式分类

按网络交换方式分类可分为直接交换网、存储转发交换网、混合交换网和高速交换网。

1.直接交换网

直接交换网,又称为电路交换网。直接交换网进行数据通信交换时,首先申请通信的物理通路,物理通路建立后,通信双方开始通信并传输数据。在传输数据的整个时间段内,通信双方始终独占所占用的信道。

2.存储转发交换网

存储转发交换网进行数据通信交换时,先将数据在交换装置控制下存入缓冲器中暂存,并对存储的数据进行一些必要的处理。当有输出线空闲时,再将数据发送出去。

3.混合交换网

混合交换网在一个数据网中同时采用存储转发交换网和直接交换网两种方式进行数据交换。

4.高速交换网

高速交换网采用的主要交换技术有异步传输模式 ATM、帧中继(Frame Relay,FR)及语音传播等技术。

1.3.4 按其他分类方式

1.按通信介质分类

(1)有线网:采用同轴电缆、双绞线、光纤等物理介质来传输数据的网络。

(2)无线网:采用卫星、微波等无线形式来传输数据的网络。

2.按信息传播方式分类

(1)点对点网络:以点对点的连接方式,把各个计算机连接起来的网络。这种传播方式的主要拓扑结构有星状、树状、环状、网状。

(2)广播式网络:用一个共同的传播介质把各个计算机连接起来的网络,包括以同轴电缆连接起来的共享总线网络和以无线、微波、卫星方式传播信息的广播网络。

3.按通信速率分类

(1)低速网:300 b/s ~ 1.4 Mb/s。

(2)中速网:1.5 Mb/s ~ 50 Mb/s。

(3)高速网:50 Mb/s ~ 750 Mb/s。

(4)千兆以太网:750 Mb/s ~ 1 000 Mb/s。

(5)万兆以太网:10 000 Mb/s。

4.按网络控制方式分类

(1)集中式计算机网络:这种网络的处理和控制功能都高度集中在一个或几个节点上,所有的信息流都必须经过这些节点之一。

(2)分布式计算机网络:在这种网络中,不存在控制中心,网络的任一节点都至少与另外两个节点相连接,信息从一个节点到达另一个节点时,可能有多条路径。同时,网络中的各个节点均以平等地位相互协调工作和交换信息,并可共同完成一个大型任务。分组交换、网状网络都属于分布式网络,这种网络在信息处理上具有分布广、可靠性高、可扩充和灵活性好等优点。

5. 按通信性能分类

（1）资源共享计算机网络：中心计算机的资源可以被其他系统共享。

（2）分布式计算机网络：系统的各计算机进程可以相互协调工作和进行信息交换，共同完成一个大型的、复杂的任务。

（3）远程通信网络：这类网络主要起数据传输的作用，它的主要目的是使用户能使用远程主机。

1.4　计算机网络的性能

计算机网络的性能一般是指它的几个重要的性能指标，除了这些重要的性能指标外，还有一些非性能特征，它们对计算机网络的性能也有很大的影响。本节将讨论这两个方面的问题。

1.4.1　计算机网络的性能指标

性能指标是从不同的方面来度量计算机网络的性能的。下面介绍常用的几个性能指标。

1. 速率

计算机发送出的信号都是数字形式的。比特（bit）是计算机中数据量的单位，也是信息论中信息量的单位。英文 bit 来源于 binary digit，意思是一个"二进制数字"，因此一个比特就是二进制数字中的一个 1 或 0。网络技术中的速率指的是连接在计算机网络上的主机在数字信道上传送数据的速率，同时，也称为数据率（data rate）或比特率（bit rate）。速率是计算机网络中最重要的一个性能指标。速率的单位是 b/s（或 bit/s）（比特每秒，即 bit per second），当数据率较高时，就常常在 b/s 的前面加上一个字母，例如，k（kilo）= 10^3 即千，M（Mega）= 10^6 即兆，G（Giga）= 10^9 即吉，这样，4×10^{10} b/s 的数据率就记为 40 Gb/s。现在人们谈到网络速率时，常省略了速率单位中应有的 b/s，而使用不正确的说法，如"40G 的速率"。另外要注意的是，当提到网络的速率时，往往指的是额定速率或标准速率，而并非网络实际上运行的速率。

2. 带宽（bandwidth）

"带宽"有以下两种不同的意义。

（1）带宽本来是指某个信号具有的频带宽度。信号的带宽是指该信号所包含的各种不同频率成分所占据的频率范围。例如，在传统的通信线路上传送的电话信号的标准带宽是 3.1 kHz（从 300 Hz ~ 3.4 kHz，即话音主要成分的频率范围），这种意义的带宽的单位是 Hz（或 kHz、MHz、GHz）。

（2）在计算机网络中，带宽用来表示网络通信线路所能传送数据的能力，因此，网络带宽表示在单位时间内从网络中的某一点到另一点所能通过的"最高数据率"。这里一般说到的"带宽"就是指这个意思，这种意义的带宽的单位是"比特每秒"，记为 b/s。

在"带宽"的上述两种表述中，前者为频域称谓，后者为时域称谓，其本质是相同的。也就是说，一条通信链路的"带宽"越宽，其传输的"最高数据率"也越高。

数字信号流随时间的变化，如图 1 - 5 所示。

3. 吞吐量

吞吐量表示在单位时间内通过某个网络(或信道、接口)的实际数据量。吞吐量经常用于对现实世界中的网络的一种测量,以便知道实际上到底有多少数据能够通过网络。显然,吞吐量受网络的带宽或额定速率的限制,例如,对于一个 100 Mb/s 的以太网,其额定速率是 100 Mb/s,那么这个数值也是该以太网的吞吐量的绝对上限值。因此,对 100 Mb/s 的以太网,其典型的吞吐量可能也只有 70 Mb/s,并没有达到其额定速率。有时吞吐量还可用每秒传送的字节数或帧数来表示。

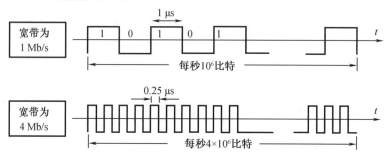

图 1-5　在时间轴上信号的宽度随带宽的增大而变窄

4. 时延

时延是指数据从网络(或链路)的一端传送到另一端所需的时间。时延是很重要的性能指标,时延有时也称为延迟或迟延。网络中的时延是由以下几个不同的部分组成的。

(1)发送时延

发送时延是主机或路由器发送数据帧所需要的时间,也就是从发送数据帧的第一个比特算起,到该帧的最后一个比特发送完毕所需的时间。因此,发送时延也叫作传输时延。发送时延的计算公式为

$$发送时延 = 数据帧长度(bit)/信道带宽(b/s) \qquad (1-1)$$

由此可见,对于一定的网络,发送时延并非固定不变,而是与发送的帧长成正比,与信道带宽成反比。

(2)传播时延

传播时延是电磁波在信道中传播一定的距离需要花费的时间。传播时延的计算公式为

$$传播时延 = 信道长度(m)/电磁波在信道上的传播速率(m/s) \qquad (1-2)$$

电磁波在自由空间的传播速率是光速,即 3.0×10^8 m/s。电磁波在网络传输媒体中的传播速率比在自由空间要略低一些。

(3)处理时延

主机或路由器在收到分组时要花费一定的时间进行处理,例如,分析分组的首部,从分组中提取数据部分,进行差错检验或查找适当的路由等,这就产生了处理时延。

(4)排队时延

分组在经过网络传输时,要经过许多的路由器,但分组在进入路由器后要先在输入队列中排队等待处理,在路由器确定了转发接口后,还要在输出队列中排队等待转发,这就产生了排队时延。排队时延的长短往往取决于网络中当时的通信量。

这样,数据在网络中经历的总时延就是以上四种时延之和,为

$$总时延 = 发送时延 + 传播时延 + 处理时延 + 排队时延 \qquad (1-3)$$

在总时延中,必须指出究竟是哪一种时延占主导地位,须具体分析。

如图 1-6 所示为这四种时延所产生的位置。

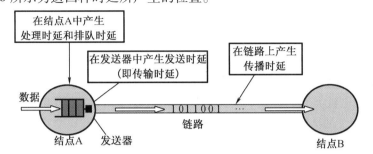

图 1-6　四种时延产生的位置

(5)时延带宽积

以上讨论的网络性能的两个度量——传播时延和带宽,合其二者相乘就得到另一个很有用的度量——传播时延带宽积,即

$$时延带宽积 = 传播时延 × 带宽 \qquad (1-4)$$

链路的时延带宽积,又称为以比特为单位的链路长度,链路像一条空心管道,如图 1-7 所示。

图 1-7　链路的时延带宽积

可以看出,只有在链路的管道都充满比特时,链路才得到了充分利用。

(6)往返时间(RTT)

在计算机网络中,往返时间也是一个重要的性能指标。互联网上的信息不仅仅是单方向传输,而且还是双向交互的。因此,有时需要知道双向交互一次所需的时间。往返时间表示从发送方发送数据开始到发送方收到来自接收方的确认(接收方收到数据后便立即发送确认)总共经历的时间。

例如,A 向 B 发送数据。如果数据长度是 100 MB,发送速率是 100 Mbit/s,那么发送时间 = 数据长度/发送速率 = $(100 × 2^{20} × 8)/(100 × 10^6) ≈ 8.39$ s

如果 B 正确接收 100 MB 的数据后,就立即向 A 发送确认。再假定 A 只有在收到 B 的确认信息后,才能继续向 B 发送数据。显然,这需要等待一个往返时间(这里假定确认信息很短,可忽略 B 发送确认的时间)。如果 RTT = 2 s,那么可以算出 A 向 B 发送数据的有效数据率。

$$有效数据率 = 数据长度/(发送时间 + RTT) \qquad (1-5)$$

$$有效数据率 = (100 × 2^{20} × 8)/(8.39 + 2)$$

$$≈ 80.7 × 10^6 \text{ b/s}$$

$$≈ 80.7 \text{ Mb/s}$$

可见,有效数据率比原来的发送速率 100 Mb/s 小很多。

在互联网中,往返时间还包括各中间节点的处理时延、排队时延以及转发数据时的发送时延。当使用卫星通信时,往返时间相对较长。

（7）利用率

利用率包括信道利用率和网络利用率两种。

信道利用率指某信道有百分之几的时间是被利用的，即有数据通过。完全空闲的信道的利用率是零。

网络利用率则是全网络的信道利用率的加权平均值。信道利用率并非越高越好，当某信道的利用率增大时，该信道引起的时延也就迅速增加，这与高速公路的情况有些相似。当高速公路上的车流量很大时，由于在公路上的某些地方会出现堵塞，因此行车所需的时间就会变长，网络也有类似的情况。当网络的通信量很少时，网络产生的时延并不大，但在网络通信量不断增大的情况下，由于分组在网络节点（路由器或节点交换机）进行处理时需要排队等候，因此引起的时延就会增大。如果令 D_0 表示网络空闲时的时延，D 表示网络当前的时延，那么在适当的假定条件下，可以用下面的公式来表示 D、D_0 和利用率 U 之间的关系，即

$$D = D_0/(1-U) \qquad\qquad (1-6)$$

U 是网络的利用率，数值在 0 到 1 之间。当网络的利用率达到其容量的 1/2 时，时长就要加倍。特别值得注意的是，当网络的利用率接近最大值 1 时，网络的时延就趋于无穷大。因此，我们必须有这样的概念，信道或网络的利用率过高会产生非常大的时延。

如图 1-8 所示为上述概念的示意图。因此，这些拥有较大主干网的互联网服务提供商，通常控制信道利用率不超过 50%，如果超过了就要准备扩容，增大线路的带宽。

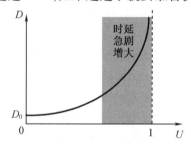

图 1-8　时延与利用率的关系

1.4.2　计算机网络的非性能特征

计算机网络的非性能特征也很重要。这些非性能特征与前面介绍的性能指标有很大的关系，下面简单地加以介绍。

1. 费用

网络的价格包括设计和实现的费用是必须考虑的，因为网络的性能与其价格密切相关。一般说来，网络的速率越高，其价格也越高。

2. 质量

网络的质量取决于网络中所有构件的质量，以及这些构件是怎样组成网络的。网络的质量影响到很多方面，如网络的可靠性、网络管理的简易性以及网络的一些其他性能，但网络的性能与网络的质量并不是一回事。例如，有些性能一般的网络，运行一段时间后就出现了故障，变得无法再继续工作，说明其质量不好，高质量的网络往往价格也较高。

3. 标准化

网络的硬件和软件的设计既可以按照通用的国际标准，也可以遵循特定的专用网络标

准,但最好采用国际标准进行设计,这样可以得到更好的互操作性,更易于升级换代和维修,也更容易得到技术上的支持。

4.可靠性

可靠性与网络的质量和性能都有着密切的关系。高速网络的可靠性不一定很差,但高速网络要可靠地运行往往更加困难,同时,所需要的费用也会较高。

5.可扩展性和可升级性

在构造网络时须考虑到今后可能会需要扩展(规模扩大)和升级(性能和版本的提高)。网络的性能越高,其扩展费用往往也越高,难度也会相应增加。

6.易于管理和维护

网络如果没有良好的管理和维护,就很难达到和保持所设计的性能。

1.5　计算机网络的体系结构

在计算机网络的基本概念中,分层次的体系结构是最基本的。计算机网络体系结构的抽象概念较多,这些概念对后面的学习很有帮助。

1.5.1　计算机网络体系结构的形成

计算机网络是个非常复杂的系统。相互通信的两个计算机系统必须高度协调工作才行,为了设计这样复杂的计算机网络,早在最初的 ARPANET 设计时就提出了分层的方法,将庞大而复杂的问题,转化为若干较小的、易于研究和处理的局部问题。

国际标准化组织(International Standards Organization,ISO)在 20 世纪 80 年代提出的开放系统互联参考模型(Open System Interconnection,OSI),这个模型将计算机网络通信协议分为 7 层。这个模型是一个定义异构计算机连接标准的框架结构,其具有如下特点:

(1)网络中异构的每个节点均有相同的层次,相同层次具有相同的功能;

(2)同一节点内相邻层次之间通过接口通信;

(3)相邻层次间接口定义原语操作,由低层向高层提供服务;

(4)不同节点的相同层次之间的通信由该层次的协议管理;

(5)每层次完成对该层所定义的功能,修改本层次功能不影响其他层;

(6)仅在最底层进行直接数据传送;

(7)定义的是抽象结构,并非具体实现的描述。

在互联参考模型网络体系结构中,除了物理层之外,网络中数据的实际传输方向是垂直的。数据由用户发送进程发送给应用层,向下经表示层、会话层等到达物理层,再经传输媒体传到接收端,由接收端物理层接收,向上经数据链路层等到达应用层,再由用户获取。数据在由发送进程交给应用层时,由应用层加上该层有关控制和识别信息,再向下传送,这一过程一直重复到物理层。在接收端信息向上传递时,各层的有关控制和识别信息被逐层剥去,最后数据送到接收进程。

1.5.2　协议与划分层次

在计算机网络中要做到有条不紊地交换数据,就必须遵守一些事先约定好的规则。这些规则明确规定了所交换的数据的格式,以及有关同步的问题。这里所说的同步不是狭义的(即同频或同频同相)而是广义的,即在一定的条件下应当发生什么事件,例如,应当发送一个应答信息,因而同步含有时序的意思。这些为网络中的数据交换而建立的规则、标准或约定,称为网络协议(network protocol)。网络协议也可简称为协议,更进一步讲,网络协议主要由以下三个要素组成。

(1)语法:数据与控制信息的结构或格式。

(2)语义:需要发出何种控制信息,完成何种动作以及做出何种响应。

(3)同步:事件实现顺序的详细说明。

由此可见,网络协议是计算机网络不可缺少的组成部分。只要我们想让连接在网络中的另一台计算机做点什么事情,都需要有协议。但是当我们在自己的个人电脑上进行文件存盘操作时,就不需要任何网络协议,协议通常有以下两种不同的形式。

(1)使用时便于人们阅读和理解的文字描述。

(2)使用时让计算机能够理解的程序代码。

对于非常复杂的计算机网络协议,其结构应该是层次式的,可以举一个例子来说明划分层次的概念。

(1)事件:主机1向主机2通过网络发送文件。

(2)工作:可以将要做的工作进行如下划分。

①工作与传送文件直接相关。

a.确认对方已做好接收和存储文件的准备。

b.双方已协调好一致的文件格式。

②两个主机将文件传送模块作为最高的一层,剩下的工作由下面的模块负责。

两个主机交换文件,如图1-9所示。

图1-9　两主机交换文件示意图

设计一个通信服务模块,如图1-10所示。

图1-10　通信服务模块

设计一个网络接入模块,如图1-11所示。

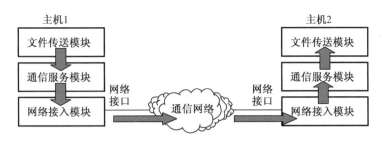

图 1－11　网络接入模块

网络接入模块负责做与网络接口细节有关的工作,例如,规定传输帧的格式、帧的最大长度等。由这个例子我们可以看到分层的优点与缺点。

(1)优点

①各层之间是独立的。某一层不需要知道它的下一层如何实现,只需调用层间的接口即可。

②灵活性好。只要接口保持不变,改变其中任一层,其他层不会受到影响。

③易于实现和维护。

④能促进标准化工作。每一层的功能都有精确的说明。

(2)缺点

①降低效率。

②有些功能会在不同的层次中重复出现,因而产生了额外的开销。另外,层数多少要适当,层数太少,就会使每一层的协议太复杂;层数太多,又会在描述和综合各层功能的系统工程任务时遇到较多的困难。

通常各层完成的主要功能有以下几个内容。

(1)差错控制:使相应层次对等方的通信更加可靠。

(2)流量控制:发送端的发送速率必须使接收端来得及接收,不要太快。

(3)分段和重装:发送端将要发送的数据块划分为更小的单位,在接收端将其还原。

(4)复用和分用:发送端几个高层会话复用一条低层的连接,在接收端再进行分用。

(5)连接建立和释放:交换数据前先建立一条逻辑连接,数据传送结束后释放连接。

计算机网络的各层及其协议的集合就是网络的体系结构(architecture),换种说法,计算机网络的体系结构就是这个计算机网络及其构件所应完成的功能的精确定义。体系结构是抽象的,而实现则是具体的,真正在运行的是计算机硬件和软件。

1.5.3　具有 5 层协议的体系结构

OSI 的 7 层协议体系结构的概念清楚,理论也较完整,但它既复杂又不实用。TCP/IP 是 4 层体系结构,分别是应用层、传输层、网络层和网络接口层。但最下面的网络接口层并没有具体内容,因此,往往采取折中的办法,即综合 OSI 和 TCP/IP 的优点,采用一种只有 5 层协议的体系结构,如图 1－12 所示。

1. 应用层(application layer)

应用层直接为用户的应用进程提供服务,应用层协议包括 FTP、DNS、HTTP 等协议。

应用层是体系结构中的最高层,其协议定义的是应用进程间的通信和交互的规则。这里的进程是指主机中正在运行的程序,对于不同的网络应用需要有不同的应用层协议,应用层交互的数据单元称为报文(message)。

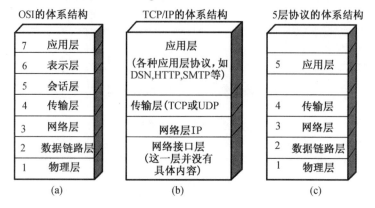

图 1 - 12 计算机网络体系结构

(a)OSI 的 7 层协议;(b)TCP/IP 的 4 层协议;(c)5 层协议

2. 传输层(transport layer)

传输层负责向两个主机进程之间的通信提供服务,传输层使用的协议有传输控制协议 TCP 和用户数据报协议 UDP 两种。

(1)传输控制协议 TCP

该协议是面向连接的,数据传输单位为报文段,提供可靠的交付。

(2)用户数据报协议 UDP

该协议是无连接的,数据传输单位为数据报,不保证提供可靠交付。

由于一台主机可同时运行多个进程,因此,传输层有复用和分用的功能。复用就是多个应用层进程可同时使用下面传输层的服务,而分用与复用相反,是传输层把收到的信息分别交付上面应用层中的相应进程。

3. 网络层(network layer)

网络层负责为分组交换网内的不同主机提供通信服务,网络层的任务如下。

(1)在发送数据时,网络层把传输层产生的报文段或用户数据报封装成分组进行传送。

(2)选择合适的路由,使源主机传输层传下来的分组能够通过网络中的路由器找到目的主机。

在 TCP/IP 体系中,由于网络层使用 IP 协议,因此分组也叫作 IP 数据报,简称为数据报。

4. 数据链路层(data link layer)

数据链路层常简称为链路层。数据链路层在物理层提供服务的基础上向网络层提供服务,其最基本的服务是将源自网络层的数据可靠地传输到相邻节点的目标网络层中。

在两个相邻节点之间(主机和路由器或两个路由器之间)传送数据时,数据链路层将网络层提交下来的 IP 数据报组装成帧,在两个相邻节点的链路上传送帧中的数据。在接收数据时,控制信息使接收端能够知道一个帧从哪个比特开始和到哪个比特结束。这样,数据链路层在收到一个帧后,就可从中提取出数据部分上交给网络层。

5. 物理层(physical layer)

在物理层上所传数据的单位是比特,物理层的任务就是透明地传送比特流。如图 1 -

13 所示为数据在各层之间的传递过程。

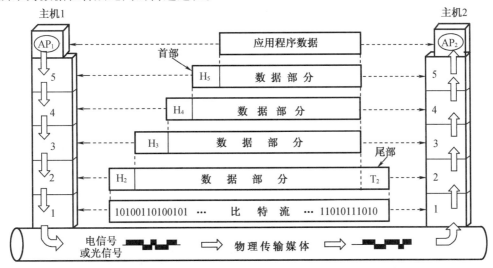

图 1-13 数据在各层之间的传递过程

OSI 参考模型把对等层次之间传送的数据单位称为该层的协议数据单元(Protocol Data Unit,PDU),这个名词现已被许多非 OSI 标准采用。

任何两个同样的层次把数据(即数据单元加上控制信息)通过水平虚线直接地传递给对方,这就是所谓的"对等层(peer layers)"之间的通信。各层协议实际上就是在各个对等层之间传递数据时的各项规定。

1.5.4 实体、协议、服务和服务访问点

1.实体

在研究开放系统中的信息交换时,往往使用实体(entity)这一较为抽象的名词表示任何可发送或接收信息的硬件或软件进程。在许多情况下,实体就是一个特定的软件模块。

2.协议

协议是控制两个或多个对等实体进行通信的规则的集合。协议语法方面的规则定义了所交换的信息格式,而协议语义方面的规则定义了发送者或接收者所要完成的操作,例如,在何种条件下,数据必须重传或丢弃。

在协议的控制下,两个对等实体间的通信使本层能够向上一层提供服务。要实现本层协议,还需要使用下面一层所提供的服务。协议是水平的,即协议是控制对等实体之间通信的规则。

3.服务

服务是垂直的,即服务是由下层向上层通过层间接口提供的,并非在一个层内完成的全部功能都称为服务,只有那些能够被高一层实体"看得见"的功能才能称为服务。

上层使用下层所提供的服务必须与下层交换一些命令,这些命令在 OSI 中称为服务原语。

4.服务访问点

在同一系统中相邻两层的实体进行交互(即交换信息)的地方,通常称为服务访问点

(Service Access Point,SAP)。

服务访问点是一个抽象的概念,它实际上就是一个逻辑接口,但这种层间接口和两个设备之间的硬件接口(并行或串行)并不一样。

OSI 把层与层之间交换的数据单位称为服务数据单元(service data unit,SDU),它可以与 PDU 不一样。例如,可以是多个 SDU 合成为一个 PDU,也可以是一个 SDU 划分为几个 PDU。

5. 相邻两层之间的关系

相邻两层之间的关系,即服务提供者的上层实体又称为服务用户,因为它使用下层服务提供者所提供的服务,相邻两层之间的关系如图 1 – 14 所示。

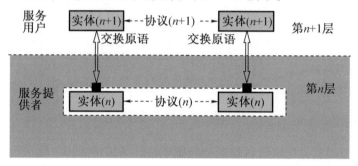

图 1 – 14　相邻两层之间的关系

下面我们来看协议的复杂性,协议有一个很重要的特点,协议必须把所有不利的条件事先都估计到,而不能假定一切都是正常和非常理想的。因此,看一个计算机网络协议是否正确,不能只看在正常情况下是否正确,还必须非常仔细地检查这个协议能否应付各种异常情况。

下面是一个著名的协议举例。

【例】　占据东、西两个山顶的蓝军 1 和蓝军 2 与驻扎在山谷的白军作战,三者的力量对比是单独的蓝军 1 或蓝军 2 打不过白军,但蓝军 1 和蓝军 2 协同作战则可战胜白军。现蓝军 1 拟于次日正午向白军发起攻击,于是用计算机发送电文给蓝军 2。但通信线路很不好,电文出错或丢失的可能性较大(没有电话可使用)。因此要求收到电文的友军必须送回一个确认电文。但此确认电文也可能出错或丢失,试问能否设计出一种协议使得蓝军 1 和蓝军 2 能够实现协同作战,一定(即 100% 而不是 99.999…%)取得胜利。

结论:

(1)这样无限循环下去,两边的蓝军都始终无法确定自己最后发出的电文对方是否已经收到,如图 1 – 15 所示。

(2)没有一种协议能够使蓝军 100% 获胜。

(3)这个例子告诉我们,看似非常简单的协议,设计起来要考虑的问题还是比较多的。

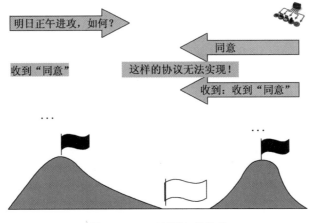

图 1 - 15　无限循环的协议

1.5.5　TCP/IP 的体系结构

TCP/IP 的体系结构比较简单,只有 4 层,如图 1 - 16 所示。

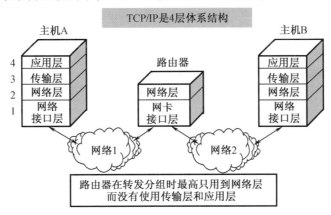

图 1 - 16　TCP/IP 体系结构

TCP/IP 模型与 ISO/OSI 模型等价。

(1)数据链路层和物理层 = 网络接口层和物理层(TCP);

(2)网络层 = 网络层(TCP);

(3)传输层 = 传输层(TCP);

(4)应用层、表示层、会话层 = 应用层(TCP)。

TCP/IP 的物理层和网络接口层相当于 OSI 的第 1 ~ 2 层,表示 TCP/IP 的实现基础,如 ethernet、token ring、token bus 等。

TCP/IP 的网络层相当于 OSI 的第 3 层,包括 IP、ARP、RARP、ICMP 等。表 1 - 2 为 TCP/IP 网络层协议的解释。

表 1 - 2   网络层协议解释

协议	解　释
IP	网际协议(Internet protocol),负责主机间数据传输的路由选择和对网络上数据的存储,同时为 ICMP、TCP、UDP 提供分组发送服务,用户进程通常不需要涉及这一层
ARP	地址解析协议(address resolution protocol),此协议将网络地址映射到硬件地址
RARP	反向地址解析协议(reverse address resolution protocol),此协议将硬件地址映射到网络地址
ICMP	网际报文控制协议(Internet control message protocol),此协议是处理信关和主机间的差错以及传送控制,ICMP 报文使用 IP 数据报进行传送,这些报文通常由 TCP/IP 网络软件本身来保证正确性

TCP/IP 传输层相当于 OSI 第 4 层,包括 TCP、UDP 两个协议。表 1 - 3 为 TCP/IP 传输层协议的解释。

表 1 - 3   传输层协议解释

协议	解　释
TCP	传输控制协议(transmission control protocol),这是一种提供给用户进程的可靠的全双工字节流面向连接的协议,它要为用户提供虚拟链路服务,并为数据可靠传输对数据进行检查,大多数网络用户程序使用 TCP
UDP	用户数据报协议(user datagram protocol),这是提供给用户进程的无连接协议,用于传送数据,而不执行正确性检查

TCP/IP 应用层相当于 OSI 第 5 ~ 7 层,包括 FTP、SMTP、TELNET、TFTP、HTTP 等。表 1 - 4 为TCP/IP 应用层协议的解释。

表 1 - 4   应用层协议解释

协议	解　释
FTP	文件传输协议(file transfer protocol),允许用户以文件操作的方式与另一主机相互通信
SMTP	简单邮件传输协议(simple mail transfer protocol),SMTP 协议为系统之间传递电子邮件
TELNET	终端协议(TELNET terminal protocol),允许用户以虚拟终端方式访问远程主机
HTTP	超文本传输协议(hyper text transfer protocol),是万维网的基础,它使 Internet 以简单的方式展现给用户
TFTP	简单文件传输协议(trivial file transfer protocol),FTP 的一种简化版本

实际上,现在的互联网使用的 TCP/IP 体系结构已经演变,即某些应用程序可以直接使用 IP 层,或直接使用最下面的网络接口层,如图 1 - 17 所示。

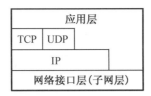

图 1-17　现在互联网的体系结构

还有一种方法,即分层次画出具体的协议来表示 TCP/IP 协议族,如图 1-18 所示,它的特点是上下两头大而中间小。应用层和网络接口层都有多种协议,而中间的 IP 层很小,上层的各种协议都向下汇聚到一个 IP 协议中。

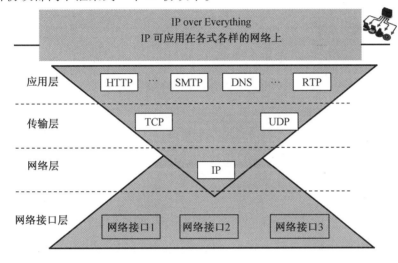

图 1-18　沙漏计时器形状的 TCP/IP 协议族

这种 TCP/IP 协议族表明:TCP/IP 协议可以为各式各样的应用提供服务(所谓的 everything over IP),同时,TCP/IP 协议也允许 IP 协议在各式各样的网络构成的互联网上运行(所谓的 IP over everything)。

习　题

1.计算机网络有哪些常用的性能指标?

2.假定网络利用率达到了 90%。试估计现在的网络时延是它最小值的多少倍?

3.收发两端之间的传输距离为 1 000 km,信号在媒体上的传播速率为 2×10^8 m/s。试计算以下两种情况的发送时延和传播时延。

(1) 数据长度为 107 bit,数据发送速率为 100 kb/s。

(2) 数据长度为 103 bit,数据发送速率为 1 Gb/s。

4. 网络体系结构为什么要采用分层次的结构? 试举出一些与分层体系结构思想相似的日常生活中的例子。

5.网络协议的三个要素是什么? 各有什么含义?

6.试举出日常生活中有关"透明"这种名词的例子。

7.解释 everything over IP 和 IP over everything 的含义。

8.长度为 100 B 的应用层数据交给传输层传送,需加上 20 B 的 TCP 首部,再交给网络层传送;还需加上 20 B 的 IP 首部,最后交给数据链路层的以太网传送;再加上首部和尾部共 18 B。试求数据的传输效率,数据的传输效率是指发送的应用层数据除以所发送的总数据(即应用数据加上各种首部和尾部的额外开销)。若应用层数据长度为 1 000 B,数据的传输效率是多少?

9. 协议与服务有何区别? 有何关系?

第2章 计算机网络体系结构

2.1 开放系统互连参考模型

开放系统互连参考模型（Open System Interconnection Reference Model,OSI/RM）是为了解决不同体系结构的网络互联问题。国际标准化组织 ISO 于 1981 年制定了开放系统互连参考模型,这个模型把网络通信的工作分为 7 层,如图 2 - 1 所示。

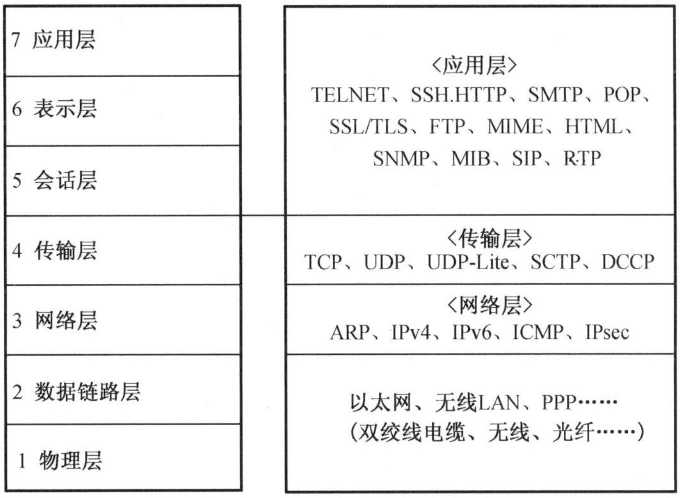

7 应用层	〈应用层〉 TELNET、SSH.HTTP、SMTP、POP、 SSL/TLS、FTP、MIME、HTML、 SNMP、MIB、SIP、RTP
6 表示层	
5 会话层	
4 传输层	〈传输层〉 TCP、UDP、UDP-Lite、SCTP、DCCP
3 网络层	〈网络层〉 ARP、IPv4、IPv6、ICMP、IPsec
2 数据链路层	以太网、无线LAN、PPP…… （双绞线电缆、无线、光纤……）
1 物理层	

图 2 - 1　计算机网络 7 层协议模型

第 7 层:应用层(application layer),处理网络应用。

第 6 层:表示层(presentation layer),通过数据进行表示。

第 5 层:会话层(session layer),进行互联主机通信。

第 4 层:传输层(transport layer),通过端到端进行连接。

第 3 层:网络层(network layer),进行分组传输与路由选择。

第 2 层:数据链路层(data link layer),以帧为单位传送信息。

第 1 层:物理层(physical layer),进行二进制传输。

第 1 层到第 3 层属于 OSI 参考模型的低 3 层,负责创建网络通信连接的链路;第 4 层到第 7 层为 OSI 参考模型的高 4 层,具体负责端到端的数据通信。每层完成一定的功能,每层都直接为其上层提供服务,并且所有层都互相支持。网络通信则可以自上而下(在发送端)或者自下而上(在接收端)双向进行。

值得注意的是,并不是每一次通信都需要经过 OSI 的 7 层协议,物理接口之间的转接,以及中继器与中继器之间的连接就只需在物理层中进行即可,而路由器与路由器之间的连接则只需经过网络层以下的3层即可。总地来说,双方的通信是在对等层次上进行的,不能在不对称的层次上进行通信。

OSI标准制定过程中采用的方法是将整个庞大而复杂的问题划分为若干个容易处理的小问题,这就是分层的体系结构方法。在OSI中,采用了三级抽象,即体系结构、服务定义和协议规格说明。

2.1.1 OSI 的设计目的

OSI模型的设计目的是成为一个所有销售商都能实现的开放网络模型,克服使用众多私有网络模型所带来的困难和低效性。OSI是在一个备受尊敬的国际标准团体的参与下完成的,这个组织就是国际标准化组织ISO。在OSI出现之前,计算机网络中存在众多的体系结构,其中以IBM公司的系统网络体系结构SNA和DEC公司的数字网络体系结构(Digital Network Architecture,DNA)最为著名。

2.1.2 OSI 划分层次的原则及 OSI/RM 分层结构

1. OSI 划分层次的原则

网络中各节点都有相同的层次,不同节点的相同层次具有相同的功能。同一节点相邻层间通过接口通信,每一层可以使用下层提供的服务,并向上层提供服务。不同节点的同等层间通过协议来实现对等层间的通信。

2. OSI/RM 分层结构

OSI/RM分层结构,即对等层实体间通信时信息的流动过程,对等层通信的实质包括:对等层实体之间进行虚拟通信;下层向上层提供服务;实际通信在最底层完成,从发送方数据由最高层逐渐向下层传递,到接收方数据由最低层逐渐向高层传递。

3. 协议数据单元(PDU)

OSI参考模型中,对等层协议之间交换的信息单元统称为协议数据单元(PDU),而传输层及以下各层的PDU还有各自特定的名称。

传输层——数据段(segment);

网络层——分组(数据包,packet);

数据链路层——数据帧(frame);

物理层——比特(bit)。

2.1.3 OSI 的 7 层结构

1. 物理层(physical layer)

物理层为OSI模型的最底层或第1层,规定了激活、维持、关闭通信端点之间的机械特性、电气特性、功能特性,以及过程特性,为上层协议提供了一个传输数据的物理媒体。在这一层,协议数据单元为比特。

物理层的主要功能如下。

(1)为数据端设备提供传送数据的通路。数据通路可以是一个物理媒体,也可以是多个物理媒体连接而成。一次完整的数据传输,包括激活物理连接、传送数据、终止物理连接。所谓激活,就是不管有多少物理媒体参与,都要将通信的两个数据终端设备连接起来,形成一条通路。

（2）传输数据。物理层要形成适合数据传输所需要的实体，为数据传送提供服务。一是要保证数据能正确通过，二是要提供足够的带宽，以减少信道上的拥塞。传输数据的方式能满足点到点、一点到多点、串行或并行、半双工或全双工、同步或异步传输的需要。

（3）完成物理层的一些管理工作。属于物理层定义的典型规范包括：RS-232、RS-449、RS-485、USB 2.0、IEEE-1394、xDSL、X.21、V.35、RJ-45 等。

在物理层的互联设备包括集线器（hub）、中继器（repeater）等。

2. 数据链路层（data link layer）

数据链路层为 OSI 模型的第 2 层，它控制网络层与物理层之间的通信，其主要功能是在不可靠的物理介质上提供可靠的传输。该层的作用包括物理地址寻址、数据的成帧、流量控制、数据的检错及重发等。在这一层，协议数据单元为帧（frame）。数据链路层是为网络层提供数据传送服务的，这种服务要依靠本层具备的功能来实现。

数据链路层的主要功能如下。

（1）链路连接的建立、拆除、分离。

（2）帧定界和帧同步。数据链路层的数据传输单元是帧，协议不同，帧的长短和界面也有差别，但无论如何必须对帧进行定界。

（3）顺序控制，指对帧的收发顺序的控制。

（4）差错检测和恢复，还有链路标识、流量控制等。差错检测多用方阵码校验和循环码校验来检测信道上数据的误码，而帧丢失等用序号检测。各种错误的恢复则常靠反馈重发机制来完成。

在数据链路层的互联设备包括网桥（bridge）、交换机（switch）等。

数据链路层的代表协议包括：逻辑链路控制协议（Logical Link Control，LLC）、同步数据链路控制协议（Synchronous Data Link Control，SDLC）、高级数据链路控制协议（High-Level Data Link Control，HDLC）、多路访问控制协议（Multiple Access Control，MAC）、点对点协议（Point to Point Protocol，PPP）、生成树协议（Spanning Tree Protocol，STP）、帧中继、带冲突检测的载波监听多路访问技术（Carrier Sense Multiple Access With Collision Detection，CSMA/CD）、带冲突避免的载波侦听多路访问技术（Carrier Sense Multiple Access With Collision Avoidance，CSMA/CA）等。

3. 网络层（network layer）

网络层为 OSI 模型的第 3 层。在计算机网络中进行通信的两个计算机之间可能会经过很多个数据链路，也可能还要经过很多通信子网。网络层的任务就是选择合适的网间路由和交换节点，确保数据及时传送。网络层将数据链路层提供的帧组成数据包，包中封装有网络层报头，其中含有逻辑地址信息，即源站点和目的站点地址的网络地址。在这一层，协议数据单元为数据包（packet）。

网络层的主要功能如下。

（1）将网络地址翻译成对应的物理地址，并决定如何将数据从发送方路由转发到接收方路由。该层的作用包括对子网间的数据包进行路由选择、实现拥塞控制、网际互联等功能。

（2）网络层建立网络连接并为上层提供服务，其具备以下几个主要功能：路由选择和中继；激活、终止网络连接；在一条数据链路上复用多条网络连接，多采取分时复用技术；差错检测与恢复;排序、流量控制;服务选择;网络管理。

在网络层的互联设备包括路由器(Router)等。

网络层的代表协议包括:互联网协议(Internet Protocol,IP)、地址解析协议(Address Resolution Protocol,ARP)、互联网分组交换协议(Internetwork Packet Exchange Protocol, IPX)、数据报传输协议(Datagram Delivery Protocol,DDP)、路由信息协议(Routing Information Protocol,RIP)、开放最短路由优先协议(Open Shortest Path First,OSPF)、反向地址转换协议(Reverse Address Resolution Protocol,RARP)、互联网控制报文协议(Internet Control Message Protocol,ICMP)、互联网组管理协议(Internet Group Management Protocol,IGMP)、NetBIOS 用户扩展接口协议(NetBIOS Extended User Interface,NetBEOI)等。

4. 传输层(transport layer)

传输层为 OSI 模型中最重要的一层,是第一个端到端,即主机到主机的层次。其主要功能是负责将上层数据分段并提供端到端的、可靠的或不可靠的传输。此外,传输层还要处理端到端的差错控制和流量控制问题。在这一层,协议数据单元为数据段(segment)。

传输层的主要功能如下。

(1)传输层是两台计算机经过网络进行数据通信时,第一个端到端的层次,具有缓冲作用。当网络层服务质量不能满足要求时,它将服务提高,以满足高层的要求;当网络层服务质量较好时,它便很少工作。

(2)传输层还可进行复用,即在一个网络连接上创建多个逻辑连接。传输层也称为运输层。传输层只存在于端开放的系统中,是介于低 3 层通信子网系统和高 3 层之间的一层,但却是很重要的一层。因为它是从源端到目的端对数据传送进行控制的,从低到高的最后一层。

有一个存在的事实,即世界上各种通信子网在性能上都存在着很大的差异。例如,电话交换网、分组交换网、公用数据交换网、局域网等通信子网都可互联,但它们提供的吞吐量、传输速率、数据延迟、通信费用各不相同。对于会话层来说,却要求有一性能恒定的界面,传输层就承担了这一功能。它采用分流/合流,复用/介复用技术来调节上述通信子网的差异,使会话层感受不到。

此外,传输层还要具备差错恢复、流量控制等功能,以此对会话层屏蔽通信子网在这些方面的细节与差异。传输层面对的数据对象已不是网络地址和主机地址,而是和会话层的界面端口。上述功能的最终目的是为会话提供可靠的、无误的数据传输。传输层的服务一般要经历传输连接建立阶段、数据传送阶段、传输连接释放阶段 3 个阶段才算完成一个完整的服务过程,而在数据传送阶段又分为一般数据传送和加速数据传送两种。传输层服务基本可以满足对传送质量、传送速度和传送费用的各种不同需要。

传输层的代表协议包括:传输控制协议(Transmission Control Protocol,TCP)、用户数据报协议(User Datagram Protocol,UDP)、序列分组交换协议(Sequenced Packet Exchange Protocol,SPX)、名字绑定协议(Name Binding Protocol,NBP)等。

5. 会话层(session layer)

会话层为 OSI 模型的第 5 层,管理主机之间的会话进程,即负责建立、管理、终止进程之间的会话。其主要功能是建立通信连接,保持会话过程通信连接的畅通,利用在数据中插入校验点来同步两个节点之间的对话,决定通信是否被中断,以及通信中断时决定从何处重新发送。

会话层的主要功能如下。

（1）为会话实体间建立连接。为两个对等会话服务用户建立一个会话连接,应该做如下几项工作:将会话地址映射为运输地址;选择需要的运输服务质量参数(QoS);对会话参数进行协商;识别各个会话连接;传送有限的透明用户数据;数据传输阶段。

这个阶段是在两个会话用户之间实现有组织且同步的数据传输。用户数据单元为 SSDU,而协议数据单元为 SPDU。会话用户之间的数据传送过程是将 SSDU 转变成 SPDU 进行的。

（2）连接释放。连接释放是通过"有序释放""废弃""有限量透明用户数据传送"等功能单元来释放会话连接的。会话层的标准是为了使会话连接建立阶段能进行功能协商,也为了便于其他国际标准参考和引用,共定义了 12 种功能单元。各个系统可根据自身情况和需要,以核心功能服务单元为基础,选配其他功能单元组成合理的会话服务子集。会话层的主要标准有"DIS 8236:会话服务定义"和"DIS 8237:会话协议规范"。

6. 表示层(presentation layer)

表示层为 OSI 模型的第 6 层,应用程序和网络之间的"翻译官",负责对上层数据或信息进行变换以保证一个主机应用层信息可以被另一个主机的应用程序理解。表示层的数据转换包括数据的解密及加密、压缩、格式转换等。

7. 应用层(application layer)

应用层为 OSI 模型的第 7 层,负责为操作系统或网络应用程序提供访问网络服务的接口。术语"应用层"并不是指运行在网络上的某个特别应用程序,应用层提供的服务包括文件传输、文件管理,以及电子邮件的信息处理。在应用层的互联设备包括网关(gateway)等。

应用层的代表协议包括:文件传输协议(File Transfer Protocol,FTP),端口号为 21;远程终端协议(Remote Terminal Protocol,RTP),端口号为 23;简单邮件传输协议(Simple Mail Transfer Protocol,SMTP),端口号为 25;简单文件传输协议(Trivial File Transfer Protocol,TFTP),端口号为 69;超文本传输协议(Hypertext Transfer Protocol,HTTP),端口号为 80;邮局协议(Post Office Protocol,POP)现在常用第 3 个版本 POP3,端口号为 110;网络新闻传输协议(Network News Transport Protocol,NNTP),端口号为 119;互联网邮件访问协议(Internet Mail Access Protocol,IMAP4),现在较新的版本是 IMAP4,端口号为 143;安全套接层超文本传输协议(Hhypertext Transfer Protocol over Secure Socket Layer,HTTPS),端口号为 443;简单网络管理协议(Simple Network Management Protocol,SNMP);域名服务协议(Domain Name Service,DNS);服务器消息块协议(Server Message Block protocol,SMB);自举协议(BOOTstrap Protocol,BOOTP);网络文件系统(Network File System,NFS);网络核心协议(Netware Core Protocol,NCP);X. 500(一种目录服务系统协议);AFP(Appletalk 文件协议)——Apple 公司的网络协议族,用于交换文件。

2.1.4　OSI 模型的优点

OSI 模型是一个定义良好的协议规范集,并由许多可选部分完成类似的任务。它定义了开放系统的层次结构、层次之间的相互关系,以及各层所包括的可能的任务,是作为一个框架来协调和组织各层所提供的服务。OSI 模型具备以下优点:

（1）人们可以很容易地讨论和学习协议的规范细节;

（2）层间的标准接口方便了工程模块化;

（3）创建了一个更好的互联环境；

（4）降低了复杂度，使程序更容易修改，产品开发的速度更快；

（5）每层利用紧邻的下层服务，更容易记住各层的功能。

OSI 参考模型并没有提供一个可以实现的方法，而是描述了一些概念，用来协调进程间通信标准的制定，即 OSI 参考模型并不是一个标准，而是一个在制定标准时所使用的概念性框架。

2.2 Internet 的体系结构

2.2.1 TCP/IP 体系结构

TCP/IP 的名字来自传输控制协议（TCP）和网际协议（IP），它们分别位于 TCP/IP 模型的第 3 层和第 2 层，数据在不同层中的常用称呼如下。

段——用于 TCP 协议中，一个段是指端到端的传输单位，它包括了 TCP 首部及后面的应用程序数据，被封装在 IP 数据报中传输。

消息——用于底层协议的描述中，消息是指传输层协议的数据单位。

IP 数据报——用于 IP 协议中，一个 IP 数据报是 IP 协议中端到端的传输单位。

分组——分组是通过网络层和数据链路层之间的接口进行传递的数据单位。

帧——帧是数据链路层协议中的传输单位，包括数据链路层首部及后面的分组。

OSI 分为 7 个层次，在 OSI 参考模型出现时，用于网络互联的 TCP/IP 协议已经被广泛使用，所以现在常用的是 TCP/IP 模型。TCP/IP 模型包含了四层，分别为应用层、传输层、网络层、网络接口层。从上到下与 OSI 参考模型对比可以看出：TCP/IP 的应用层与 OSI 模型的最上面三层相对应，不再区分表示层和会话层；两个模型的传输层和网络层是一一对应的；TCP/IP 的网络接口层与 OSI 模型的数据链路层对应；TCP/IP 模型不包括硬件设备所在的物理层。

1. 网际协议——IP

（1）简介

互联网中 IP 是一个主机到主机的协议。TCP/UDP/ICMP/IGMP 都封装在 IP 数据报中传输，它是整个 TCP/IP 协议的核心部分。

（2）主要功能

IP 协议的功能和目的就是在互相连接的网络间传输数据报，为了完成这个功能，它把数据报从一个 IP 模块传送到另一个 IP 模块，一直到目的主机。参与网络通信的主机和路由器都需要实现 IP 协议，这些模块共同遵守 IP 协议制定的规则，用同样的方式解释 IP 首部中的各个字段、选项、分片和重组数据报等。中间节点（通常是路由器）使用 IP 首部中的目的地址为数据报选择路由，路由过程中数据报可能会通过最大传输单元（Maximum Transmission Unit，MTU）小于数据报大小的网络，为了克服这个困难，IP 协议提供了分片机制，它的主要功能如下。

①寻址和选路。在选路时有两种数据报的交付形式：直接交付和间接交付。直接交付是两台主机位于同一个物理网络，数据可以从一台主机直接到另一台主机；间接交付是两

台主机不在同一个物理网络中,发送方把数据报发给一个路由器,然后由路由器发到目的主机。

②封装和解析。

③分片和重组。

2.用户数据报协议——UDP

（1）主要功能

UDP 是一个面向数据报的传输层协议,它的特点是简单、快捷。它是无连接的,发送数据之前,不需要建立连接,数据发送完成后,也不用终止连接,只要应用程序有数据,就直接发送,没有连接建立、维护、终止所带来的开销。应用程序和 UDP 协议都不关心底层网络的MTU、分片及路由等操作,这些都由 IP 来完成。

UDP 是不可靠的,对发送的数据,并不保证对方一定能收到,即使收到了也不会确认。使用 UDP 的应用程序要自己负责数据的重传和确认,解决可靠性相关问题。

数据传输过程发生拥塞时,UDP 不做流量控制及拥塞控制,这在实际使用中会带来一些问题。如果路由器发送拥塞就会扔掉数据,TCP 发现有数据丢失时,将减慢数据的发送速度,而 UDP 并不关心数据的丢失仍然照常发送。结果 TCP 减少使用的网络带宽都被UDP 抢占了,导致 TCP 不能正常运行或性能严重下降,这对 TCP 是不公平的。因此,在路由器的实现中需要对 UDP 做特殊处理,发送拥塞时也要用一些算法保留 UDP 抛弃的数据。

（2）主要应用

①多播或广播通信。

②简短的请求/应答交换,例如 DNS、TFTP、DHCP、BOOTP、SNMP。

③效率高于可靠性的应用,例如媒体传输 RTP。

④轻量级的通信协议,例如 WSP、WTP、WAP。

3.传输控制协议——TCP

TCP 是一个面向连接的、端到端的可靠传输协议,为跨越不同网络的主机进程通信提供了可靠的传输机制。即使底层网络不可靠或有拥塞发生,TCP 也要保持足够健壮。它对底层通信协议的可靠性做了非常少的假设,认为可以使用一个简单的、提供不可靠数据报服务的底层协议。原则上,TCP 可以运行在各种通信设备中,例如分组交换设备和电路交换设备等。

TCP 把应用程序交给它的数据看作简单的字节流,它不理解数据的内容,也不区分数据的边界。它把应用程序的数据封装成 TCP 段,TCP 段再用 IP 封装成数据报发送到网络上。

TCP 连接管理:TCP 有很多的状态,比如 CLOSED 和 LISTEN 等,这些状态间的转换都需要进行管理。TCP 使用滑动窗口管理传输的数据流,允许每一端根据它处理能力的大小声明使用的窗口,避免高速设备发送的数据量大导致低速设备的缓存区溢出。

（1）主要功能

①数据的封装和传输,会有双方协商的最大段大小（Maximum Segment Size,MSS）。

②可靠性传输,包括校验和序号、超时重传。

③流量控制。

④拥塞避免。

⑤多路复用。

⑥连接管理。

4. ICMP 协议

（1）简介

ICMP 的英文全称为 internet control message protocol,中文名为互联网控制报文协议,封装在 IP 数据报内被传输,看起来像是 IP 的上层协议,实际上它是 IP 协议的一个组成部分,必须被每一个 IP 模块实现。

IP 协议是无连接的,不能提供可靠的数据传输。在数据报传输过程中,可能会由于路由器、主机或传输链路故障导致传输错误,IP 协议并不处理这些故障,ICMP 协议对此问题提供了反馈机制,通过 ICMP 路由器和目的主机能够与源主机通信,报告数据传输过程中的错误和控制消息。

（2）Echo 请求和应答

Echo 主要用来探测另一个主机是否可达到。ICMP 是在 IP 协议中进行传输的,成功接收到 Echo 应答表明源主机和目的主机的 IP 和 ICMP 可以正常工作,中间的路由器正确,可以成功转发数据,但不能确定源主机和目的主机的上层协议,如 TCP 或 UDP 是否工作正常。

TCP/IP 协议提供了许多有用的工具帮助用户或网络管理员诊断网络问题,最常用的调试工具 ping 和 traceroute 就是利用 Echo 的请求和应答报文。

2.2.2 具有 5 层协议的体系结构

OSI 的 7 层协议体系结构,如图 2－2(a)所示,其概念清楚,理论也较完整,但它既复杂又不实用。TCP/IP 体系结构则不同,现在得到了非常广泛的应用。TCP/IP 是一个 4 层的体系结构,如图 2－2(b)所示,它包含应用层、传输层、网络层和网络接口层(用网际层这个名字强调这一层是为了解决不同网络的互联问题)。不过从实质上讲,TCP/IP 只有最上面的 3 层,因为最下面的网络接口层并没有什么具体内容。因此,在学习计算机网络的原理时往往采取折中的办法,即综合 OSI 和 TCP/IP 的优点,采用一种只有 5 层协议的体系结构,如图 2－2(c)所示,这样既简洁又能将概念阐述清楚。有时为了方便也可把最底下 2 层称为网络接口层。

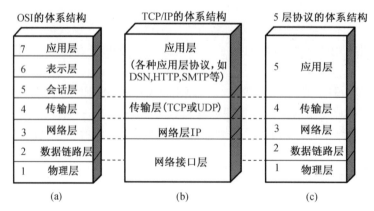

图 2－2 计算机网络体系结构

(a)OSI 的 7 层协议;(b)TCP/IP 的 4 层协议;(c)5 层协议

下面结合互联网的情况,自上而下、简要地介绍一下各层的主要功能。

1. 应用层(application layer)

应用层是体系结构中的最高层。应用层的任务是通过应用进程间的交互来完成特定的网络应用。应用层协议定义的是应用进程间通信和交互的规则,这里的进程就是指主机中正在运行的程序。对于不同的网络应用需要有不同的应用层协议,在互联网中的应用层协议很多,如域名系统 DNS、支持万维网应用的 HTTP 协议、支持电子邮件的 SMTP 协议等。我们把应用层交互的数据单元称为报文(message)。

2. 传输层(transport layer)

传输层的任务就是负责向两台主机的进程之间的通信提供通用的数据传输服务。应用进程利用该服务传送应用层报文。所谓"通用的"是指并不针对某个特定网络应用,而是多种应用可以使用同一个传输层服务。由于一台主机可同时运行多个进程,因此传输层有复用和分用的功能。复用就是多个应用层进程可同时使用下面传输层的服务,分用与复用相反,即传输层把收到的信息分别交付到上面应用层的相应进程中。

传输层主要使用以下两种协议:

传输控制协议(Transmission Control Protocol,TCP)——提供面向连接的、可靠的数据传输服务,其数据传输的单位是报文段(segment);

用户数据报协议(User Datagram Protocol,UDP)——提供无连接的、尽最大努力(best-effort)的数据传输服务(不保证数据传输的可靠性),其数据传输的单位是用户数据报。

3. 网络层(network layer)

网络层负责为分组交换网络上的不同主机提供通信服务。在发送数据时,网络层把传输层产生的报文段或用户数据报封装成分组或包进行传送。在 TCP/IP 体系中,由于网络层使用 IP 协议,因此,分组也叫作 IP 数据报或简称为数据报。本书把"分组"和"数据报"作为同义词使用。

值得注意的是,不要将传输层的"用户数据报 UDP"和网络层的"IP 数据报"弄混。此外,无论在哪一层传送的数据单元,都可笼统地用"分组"来表示。

网络层的另一个任务就是要选择合适的路由,使源主机传输层所传下来的分组能够通过网络中的路由器找到目的主机。

这里要强调的是,网络层中的"网络"二字,已不是我们通常谈到的具体网络,而是在计算机网络体系结构模型中的第 3 层的名称。

互联网是由大量的异构(heterogeneous)网络通过路由器(router)相互连接起来的。互联网使用的网络层协议是无连接的网际协议 IP(Internet protocol)和多种路由选择协议,因此,互联网的网络层也叫作网际层或 IP 层。在本书中,网络层、网际层和 IP 层都是同义语。

4. 数据链路层(data link layer)

数据链路层常简称为链路层。我们知道,两台主机之间的数据传输,总是在一段又一段的链路上传送的,这就需要使用专门的链路层协议。在两个相邻节点之间传送数据时,数据链路层将网络层交付下来的 IP 数据报组装成帧(framing),在两个相邻节点间的链路上传送帧。每一帧包括数据和必要的控制信息,例如,同步信息、地址信息、差错控制等。

在接收数据时,控制信息使接收端能够知道一个帧从哪个比特开始和到哪个比特结束。这样,数据链路层在收到一个帧后,就可从中提取出数据部分,上传给网络层。

控制信息还使接收端能够检测到所收到的帧中有无差错。如果发现有差错,数据链路层就简单地丢弃这个出了差错的帧,以免其继续在网络中传送下去浪费网络资源。如果需要改正数据,在数据链路层传输时出现的差错。那么就要采用可靠传输协议来纠正出现的差错。这就是说,数据链路层不仅要检错,而且要纠错,这种方法会使数据链路层的协议复杂些。

5. 物理层(physical layer)

在物理层上所传数据的单位是比特。发送方发送 1 或 0 时,接收方应当收到 1 或 0 而不是 0 或 1。因此,物理层要考虑用多大的电压代表"1"或"0",以及接收方如何识别出发送方所发送的比特。物理层还要确定连接电缆的插头应当有多少根引脚以及各引脚应如何连接。当然,解释比特代表的意思,就不是物理层的任务。注意,传递信息所利用的一些物理媒体,如双绞线、同轴电缆、光缆、无线信道等,并不在物理层协议之内,而是在物理层协议的下面。因此,也有人把物理层下面的物理媒体当作第 0 层。

在互联网所使用的各种协议中,最重要的和最著名的就是 TCP 和 IP 两个协议。现在人们经常提到 TCP/IP 并不一定是单指 TCP 和 IP 这两个具体的协议,往往是表示互联网所使用的整个 TCP/IP 协议族(protocol suite)。

如图 2-3 所示,说明的是应用进程的数据在各层之间的传递过程中所经历的变化。为简单起见,假定两台主机通过一台路由器连接起来。

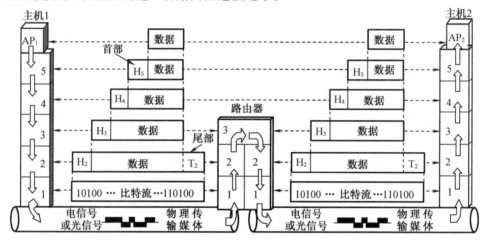

图 2-3 数据在各层之间的传递过程

假定主机 1 的应用进程 AP1 向主机 2 的应用进程 AP2 传送数据。AP1 先将其数据交给本主机的第 5 层(应用层)。第 5 层加上必要的控制信息 H_5,就变成了下一层的数据单元;第 4 层(运输层)收到这个数据单元后,加上本层的控制信息 H_4,再交给第 3 层(网络层),成为第 3 层的数据单元,依此类推。不过到了第 2 层(数据链路层)后,控制信息被分成两部分,分别加到本层数据单元的首部(H_2)和尾部(T_2),而第 1 层(物理层)由于是比特流的传送,所以不再加上控制信息。请注意,传送比特时应从首部开始传送。

OSI 参考模型把对等层次之间传送的数据单位称为该层的协议数据单元 PDU,这个名词现已被许多非 OSI 标准采用。

当这一串比特流离开主机 1 经网络的物理媒体传送到路由器时,就从路由器的第 1 层依次上升到第 3 层。每层都根据控制信息进行必要的操作,然后将控制信息剥去,将该层剩下的数据单元上交给更高的一层。当分组上升到了第 3 层时,就根据首部中的目的地址查找路由器中的转发表,找出转发分组的接口,然后往下传送到第 2 层,加上新的首部和尾部后,再到最下面的第 1 层,然后在物理媒体上把每一个比特发送出去。

当这一串比特流离开路由器到达目的主机 2 时,就从主机 2 的第 1 层按照上面讲述的方式依次上升到第 5 层。最后,把应用进程 AP1 发送的数据交给目的主机的应用进程 AP2。

可以用一个简单例子来比喻上述的过程。有一封信从最高层向下传,每经过一层就包上一个新的信封,写上必要的地址信息,包有多个信封的信件传送到目的站后,从第 1 层起,每层拆开一个信封后就把信封中的信交给它的上一层,传到最高层后,取出发信人所发的信交给收信人。

虽然应用进程数据要经过如图 2-3 所示复杂的过程才能送到终点的应用进程,但这些复杂过程对用户来说,都被屏蔽掉了,以致应用进程 AP1 觉得好像是直接把数据交给了应用进程 AP2。同理,任何两个同样的层次之间,例如,在两个系统的第 4 层之间,也如同图 2-3 中的水平虚线所示的那样,把数据单元加上控制信息的数据通过水平虚线直接传递给对方,这就是所谓的"对等层"之间的通信。我们以前经常提到的各层协议,实际上就是在各个对等层之间传递数据时的各项规定。

在文献中也还可以见到术语"协议栈"(protocol stack),这是因为几个层次画在一起很像一个栈(stack)的结构。

2.3　OSI 与 TCP/IP 参考模型的比较

OSI 参考模型和 Internet 模型(或称 TCP/IP 模型)是计算机网络发展过程影响力较大的两大模型,下面我们从分析两者的异同入手,找出 OSI 消亡和 Internet 模型(TCP/IP)发展的原因。

OSI 参考模型与 TCP/IP 模型的共同之处在于,它们都采用了层次结构的概念,在传输层定义了相似的功能,但是二者在层次划分与使用的协议上有很大的差别,也正是这种差别使两个模型的发展产生了两个截然不同的局面。OSI 参考模型走向消亡而 TCP/IP 模型得到了发展,原因何在呢? 如图 2-4 所示,从两者在现在网络领域的使用情况来分析两个模型的前景。

OSI7层模型	TCP/IP协议
应用层	应用层(application)
表示层	
会话层	
传输层	传输层(transport)
网络层	网络层(internet)
数据链路层	网络接口层(network)
物理层	

图 2-4　OSI 与 TCP/IP 参考模型的比较

2.3.1　两种参考模型的共同之处

（1）两种参考模型都是基于独立的协议栈的概念。

（2）它们的功能大体相似，两个模型中传输层及以上的各层都是为通信的进程提供点到点且与网络无关的传输服务。

（3）OSI 参考模型与 TCP/IP 参考模型的传输层以上的层都以应用为主导。

2.3.2　两种参考模型的不同之处

（1）TCP/IP 一开始就考虑到多种异构网的互联问题，并将网际协议 IP 作为 TCP/IP 的重要组成部分，但 OSI 最初只考虑到使用一种标准的公用数据网将各种不同的系统互联在一起。

（2）TCP/IP 一开始就对面向连接和无连接服务，而 OSI 在开始时只强调面向连接服务。

（3）TCP/IP 有较好的网络管理功能，而 OSI 到后来才开始关注这个问题，在这方面两者有所不同。

2.3.3　对 OSI 参考模型的评价

无论是 OSI 参考模型与协议还是 TCP/IP 参考模型与协议都是不完美的。造成 OSI 参考模型不能流行的主要原因之一是其自身的缺陷。会话层在大多数应用中很少用到，表示层几乎是空的。在数据链路层与网络层之间有很多的子层插入，每个子层有不同的功能。OSI 模型将"服务"与"协议"的定义结合起来，使得参考模型变得格外复杂，将它实现起来是困难的。同时，寻址、流控与差错控制在每一层里都重复出现，必然降低系统效率。虚拟终端协议最初安排在表示层，现在安排在应用层。关于数据安全性，加密与网络管理等方面的问题也在参考模型的设计初期被忽略了。参考模型的设计更多是被通信思想所支配，很多选择不适合计算机与软件的工作方式。很多原语在很多高级语言的软件中实现起来很容易，但在严格按照层次模型编程的软件中效率却很低。

2.3.4　对 TCP/IP 参考模型的评价

TCP/IP 参考模型与协议也有它自身的缺陷。

（1）它在服务、接口与协议的区别上不清晰。一个好的软件工程应该将功能与实现方法区分开来，TCP/IP 恰恰没有很好地做到这点，这就使得 TCP/IP 参考模型对于使用新技术的指导意义不够。

（2）TCP/IP 的网络层本身并不是实际的一层，它定义了网络层与数据链路层的接口。物理层与数据链路层的划分是必要且合理的，一个好的参考模型应该将它们区分开来，而TCP/IP 参考模型却没有做到这点。

2.3.5　TCP/IP 与 OSI 参考模型不同的发展历程

OSI 参考模型一开始是由 ISO 来制定的，但后来许多标准都是 ISO 与原来的 CCITT 联合制定，更多的是以通信思想考虑模型的设计，很多选择不适合计算机与软件的工作方式。但是 TCP/IP 协议从 20 世纪 70 年代诞生以后，成功地赢得大量的用户和投资。TCP/IP 协议的成功促进了 Internet 的发展,Internet 的发展又进一步扩大了 TCP/IP 协议的影响,TCP/IP 不仅在学术界争取了一大批用户,同时也越来越受到计算机产业的青睐。IBM、DEC 等大公司纷纷宣布支持 TCP/IP 协议,局域网操作系统 NetWare、LAN Manager 争相将 TCP/IP 纳入自己的体系结构,数据库 Oracle 支持 TCP/IP 协议,UNIX、POSIX 操作系统也一如既往地支持 TCP/IP 协议。相比之下,OSI 参考模型与协议显得有些势单力薄。人们普遍希望网络标准化,但 OSI 迟迟没有成熟的产品推出,阻碍了第三方厂家开发相应的硬件和软件,从而影响了 OSI 产品的市场占有率与今后的发展。

2.4　几个典型的计算机网络

虽然我们所能看到的局域网主要是以双绞线为传输介质代表的以太网,那只是我们所看到的基本上是企、事业单位的局域网,在网络发展的早期或在其他各行各业中,根据其行业特点所采用的局域网不一定都是以太网,在局域网中常见的有以太网(ethernet)、令牌网(token ring)、FDDI 网、异步传输模式网(ATM)等几类,下面分别做一些介绍。

2.4.1　以太网(ether net)

以太网最早是由 Xerox(施乐)公司创建的,在 1980 年由 DEC、Intel 和 Xerox 三家公司联合开发成为一个标准。以太网是应用最为广泛的局域网,包括标准以太网(10 Mb/s)、快速以太网(100 Mb/s)、千兆以太网(1 000 Mb/s)和 10 G 以太网,它们都符合 IEEE 802.3 系列标准规范。

1. 标准以太网

最开始以太网只有 10 Mb/s 的吞吐量,使用的是 CSMA/CD(带有冲突检测的载波侦听多路访问)的访问控制方法,通常把这种最早期的 10 Mb/s 以太网称为标准以太网。以太网主要有两种传输介质:双绞线和同轴电缆。所有的以太网都遵循 IEEE 802.3 标准,下面列出 IEEE 802.3 的一些以太网网络标准,在这些标准中前面的数字表示传输速度,单位是"Mb/s",最后的一个数字表示单段网线长度(基准单位是 100 m),Base 表示"基带",Broad 表示"宽带"。

(1)10Base-5 使用粗同轴电缆,最大网段长度为 500 m,基带传输方法;

(2)10Base-2 使用细同轴电缆,最大网段长度为 185 m,基带传输方法;

(3)10Base-T 使用双绞线电缆,最大网段长度为 100 m;

(4)1Base-5 使用双绞线电缆,最大网段长度为 500 m,传输速度为 1 Mb/s;

(5)10Broad-36 使用同轴电缆(RG-59/U CATV),最大网段长度为 3 600 m,是一种宽带传输方式;

(6)10Base-F 使用光纤传输介质,传输速率为 10 Mb/s。

2. 快速以太网(fast ethernet)

随着网络的发展,传统标准的以太网技术已难以满足日益增长的网络数据传输速度的需求。1993 年 10 月以前,对于 10 Mb/s 以上数据流量的 LAN 应用,只有光纤分布式数据接口(FDDI)可供选择,但它是一种价格昂贵、基于 100 Mp/s 光缆的 LAN。1993 年 10 月,Grand Junction 公司推出了世界上第一台快速以太网集线器 Fast Switch 10/100 和网络接口卡 Fast NIC 100,快速以太网技术正式得以应用。随后 Intel、SynOptics、3COM、Bay Networks 等公司亦相继推出自己的快速以太网装置。与此同时,IEEE 802 工程组亦对100 Mb/s以太网的各种标准,如 100BASE-TX、100BASE-T4、MII、中继器、全双工等标准进行了研究。1995年 3 月 IEEE 宣布了 IEEE 802.3u 100BASE-T 快速以太网标准(fast ethernet),就这样开始了快速以太网的时代。

快速以太网与原来在 100 Mb/s 带宽下工作的 FDDI 相比,它具有许多的优点,最主要体现在快速以太网技术可以有效地保障用户在布线基础实施上的投资,它支持 3、4、5 类双绞线以及光纤的连接,能够有效地利用现有的设施。

快速以太网的不足其实也是以太网技术的不足,那就是快速以太网仍是基于载波侦听多路访问和冲突检测(CSMA/CD)技术,当网络负载较重时,会造成效率的降低,当然这可以使用交换技术来弥补。

100 Mb/s 快速以太网标准又分为:100BASE-TX 、100BASE-FX、100BASE-T4 三个子类。

(1)100BASE-TX:是一种使用 5 类数据级无屏蔽双绞线或屏蔽双绞线的快速以太网技术。它使用两对双绞线,一对用于发送数据,一对用于接收数据。在传输中使用 4B/5B 编码方式,信号频率为 125 MHz。符合 EIA 586 的 5 类布线标准和 IBM 的 SPT 的 1 类布线标准。其使用与 10BASE-T 相同的 RJ–45 连接器,最大网段长度为 100 m。它支持全双工的数据传输。

(2)100BASE-FX:是一种使用光缆的快速以太网技术,可使用单模和多模光纤(62.5 和 125 um)。多模光纤连接的最大距离为 550 m,单模光纤连接的最大距离为 3 000 m。在传输中使用 4B/5B 编码方式,信号频率为 125 MHz。它使用 MIC/FDDI 连接器、ST 连接器或 SC 连接器。它的最大网段长度为 150 m、412 m、2 000 m 或更长至 10 km,这与所使用的光纤类型和工作模式有关,它支持全双工的数据传输。100BASE-FX 特别适合有电气干扰的环境、较大距离连接或高保密环境等情况下的使用。

(3)100BASE-T4:是一种可使用 3、4、5 类数据级无屏蔽双绞线或屏蔽双绞线的快速以太网技术。它使用 4 对双绞线,3 对用于传送数据,1 对用于检测冲突信号。在传输中使用 8B/6T 编码方式,信号频率为 25 MHz,符合 EIA 586 结构化布线标准。其使用与 10BASE-T 相同的 RJ-45 连接器,最大网段长度为 100 m。

3. 千兆以太网(GB ethernet)

随着以太网技术的深入应用和发展,企业用户对网络连接速度的要求越来越高,1995年 11 月,IEEE 802.3 工作组委任了一个高速研究组(higher speed study group),研究将快速以太网速度增至更高。该研究组研究了将快速以太网速度增至 1 000 Mb/s 的可行性方案。1996 年 6 月,IEEE 标准委员会批准了千兆以太网方案授权申请(gigabit ethernet project authorization request)。随后 IEEE 802.3 工作组成立了 802.3z 工作委员会。IEEE 802.3z 委员会的目标是建立千兆位以太网标准,包括在 1 000 Mb/s 通信速率的情况下的全双工和半双工操作、802.3 以太网帧格式、载波侦听多路访问和冲突检测(CSMA/CD)技术、在一个冲突域中支持一个中继器(repeater)、10BASE-T 和 100BASE-T 向下兼容技术,千兆以太网具有以太网的易移植、易管理特性。千兆以太网在处理新应用和新数据类型方面具有较强灵活性,它是在赢得了巨大成功的 10 Mb/s 和 100 Mb/s IEEE 802.3 以太网标准的基础上的延伸,提供了 1 000 Mb/s 的数据带宽。这使得千兆以太网成为高速宽带网络应用的战略性选择。

千兆以太网主要有以下三种技术版本:1000BASE-SX,1000BASE-LX 和 1000BASE-CX 版本。1000BASE-SX 系列采用低成本短波的光盘激光器(Compact Disc,CD)或者垂直腔体表面发光激光器(Vertical Cavity Surface Emitting Laser,VCSEL)作为发送器;1000BASE-LX 系列则使用相对昂贵的长波激光器;1000BASE-CX 系列打算在配线间使用短跳线电缆把高性能服务器和高速外围设备连接起来。

4.10 G 以太网

10 Gb/s 的以太网标准已经由 IEEE 802.3 工作组于 2000 年正式制定,10 G 以太网仍使用与以往 10 Mb/s 和 100 Mb/s 以太网相同的形式,它允许直接升级到高速网络。同样使用 IEEE 802.3 标准的帧格式、全双工业务和流量控制方式。在半双工方式下,10 G 以太网使用基本的 CSMA/CD 访问方式来解决共享介质的冲突问题。此外,10 G 以太网使用由 IEEE 802.3 小组定义了和以太网相同的管理对象。总之,10 G 以太网仍然是以太网,只不过更快。但由于 10 G 以太网技术的复杂性及原来传输介质的兼容性问题,只能在光纤上传输,与原来企业常用的双绞线不兼容,还有这类设备造价太高,一般为 2~9 万美元,因此,这类以太网技术仍处于研发的初级阶段,还没有得到实质应用。

2.4.2　令牌环网

令牌环网是 IBM 公司于 20 世纪 70 年代开发的,这种网络比较少见。在老式的令牌环网中,数据传输速度为 4 Mb/s 或 16 Mb/s,新型的快速令牌环网速度可达 100 Mb/s。令牌环网的传输方法在物理上采用了星状拓扑结构,但逻辑上仍是环状拓扑结构。节点间采用多站访问部件(Multistation Access Unit,MAU)连接在一起。MAU 是一种专业化集线器,它是用来围绕工作站计算机的环路进行传输数据的。由于数据包看起来像在环中传输,所以在工作站和 MAU 中间没有终结器。

在这种网络中,有一种专门的帧称为"令牌",在环路上持续地传输来确定一个节点何时可以发送包。令牌为 24 bit 长,有 3 个 8 bit 的域,分别是首定界符(Start Delimiter,SD)、访问控制(Access Control,AC)和终定界符(End Delimiter,ED)。首定界符是一种与众不同的信号模式,作为一种非数据信号表现出来,用途是防止它被解释成其他东西。这种独特的 8 bit 组合只能被识别为帧首标识符(SOF)。由于以太网技术发展迅速,令牌网存在固有缺点,所以令牌在整个局域网中已不多见,原来提供令牌网设备的厂商多数也退出了市场,在局域网市场中令牌网可以说是"昨日黄花"了。

2.4.3　FDDI 网

FDDI 的英文全称为 fiber distributed data interface,中文名为光纤分布式数据接口,它是 20 世纪 80 年代中期发展起来的一项局域网技术,它提供的高速数据通信能力要高于当时的以太网(10 Mb/s)和令牌环网(4 或 16 Mb/s)的能力。FDDI 标准由 ANSI X3T9.5 标准委员会制定,为繁忙网络上的高容量输入、输出提供了一种访问方法。FDDI 技术同 IBM 的 Token ring 技术相似,并具有 LAN 和 Token ring 所缺乏的管理、控制和可靠性措施,FDDI 支持长达 2 km 的多模光纤。FDDI 网络的主要缺点是其价格与前面所介绍的快速以太网相比贵许多,且因为它只支持光缆和 5 类电缆,所以使用环境受到限制,以太网升级更是面临大量移植问题。

当数据以 100 Mb/s 的速度输入、输出时,FDDI 与 10 Mb/s 的以太网和令牌环网相比性能有相当大的改进。但是随着快速以太网和千兆以太网技术的发展,用 FDDI 的人就越来越少了。因为 FDDI 使用的通信介质是光纤,这一点它比快速以太网及 100 Mb/s 令牌环网传输介质要贵许多,然而 FDDI 最常见的应用只是提供对网络服务器的快速访问,因此,FDDI 技术并没有得到充分的认可和广泛的应用。

FDDI 的访问方法与令牌环网的访问方法类似,在网络通信中均采用"令牌"传递。它与标准的令牌环网又有所不同,主要在于 FDDI 使用定时的令牌访问方法。FDDI 令牌沿网络环路从一个节点向另一个节点移动,如果某节点不需要传输数据,FDDI 将获取令牌并将其发送到下一个节点。如果处理令牌的节点需要传输,那么在指定的称为"目标令牌循环时间"(Target Token Rotation Time,TTRT)的时间内,它可以按照用户的需求来发送尽可能多的帧。因为 FDDI 采用的是定时的令牌方法,所以在给定时间中,来自多个节点的多个帧可能都在网络上,为用户提供高容量的通信。

FDDI 可以发送两种类型的包:同步通信和异步通信。同步通信用于要求连续进行且对时间敏感的传输(如音频、视频和多媒体通信);异步通信用于不要求连续脉冲串的、普通的数据传输。在给定网络中,TTRT 等于某节点同步传输需要的总时间加上最大的帧在网络上沿环路进行传输的时间。FDDI 使用两条环路,所以当其中一条出现故障时,数据可以从另一条环路上到达目的地。连接到 FDDI 的节点主要有两类,即 A 类和 B 类。A 类节点与两个环路都有连接,它由网络设备如集线器等组成,并具备重新配置环路结构以在网络崩溃时使用单个环路的能力;B 类节点通过 A 类节点的设备连接在 FDDI 网络上,B 类节点包括服务器或工作站等。

2.4.4 ATM 网

ATM 的英文全称为 asynchronous transfer mode,中文名为异步传输模式,它开发于 20 世纪 70 年代后期。ATM 是一种较新型的单元交换技术,同以太网、令牌环网、FDDI 网等使用可变长度包的技术不同,ATM 网使用 53 B 固定长度的单元进行交换。它是一种交换技术,它没有共享介质或包传递带来的延时,非常适合音频和视频数据的传输。ATM 主要具有以下几个优点:

(1)ATM 使用相同的数据单元,可实现广域网和局域网的无缝连接;

(2)ATM 支持 VLAN(虚拟局域网)功能,可以对网络进行灵活的管理和配置;

(3)ATM 具有不同的速率,分别为 25 Mb/s、51 Mb/s、155 Mb/s、622 Mb/s,从而为不同的应用提供不同的速率。

ATM 采用信元交换来替代包交换进行的实验,发现信元交换的速度是非常快的。信元交换将一个简短的指示器称为虚拟通道标识符,并将其放在 TDM 时间片的开始。这使得设备能够将它的比特流异步地放在一个 ATM 通信通道上,使通信能够预知且持续,这样就为时间敏感的通信提供了一个预 QoS,这种方式主要用在视频和音频的传输上。通信可以预知的另一个原因是 ATM 采用的是固定的信元尺寸。ATM 通道是虚拟的电路,并且 MAN 传输速度能够达到 10 Gb/s。

习　题

一、简答题

1. 试比较 OSI 和 TCP/IP 参考模型的异同。

2. 如何评价 OSI 参考模型?

3. 如何评价 TCP/IP 参考模型?

4. 请列出几个典型的计算机网络。

5. 以太网是应用最为广泛的局域网,它包括哪些类型?

6. 以太网有哪几种传输介质?

7. 快速以太网分为哪几个子类?

8. 请简述 FDDI 网的访问方法。

9. FDDI 网可以发送哪两种包?

10. 请简述 FDDI 网的主要缺点。

11. ATM 网有哪些优点?

二、选择题

1. 允许计算机相互通信的语言被称为(　　　)。

A. 协议　　　　　　　　B. 寻址　　　　　　　　C. 轮询　　　　　　　　D. 对话

2. 在 OSI 的 7 层模型中,主要功能是在通信子网中实现路由选择的层次为(　　　)。

A. 物理层　　　　　　　B. 网络层　　　　　　　C. 数据链路层　　　　　D. 传输层

3. 在 OSI 的 7 层模型中,主要功能是协调收发双方的数据传输速率,将比特流组织成帧,并进行校验、确认及反馈重发的层次为(　　　)。

A. 物理层　　　　　　　B. 网络层　　　　　　　C. 数据链路层　　　　　D. 传输层

4. 在 ISO 的 7 层模型中,主要功能是提供端到端的透明数据运输服务,差错控制和流量控制的层次为(　　　)。

A. 物理层　　　　　　　B. 数据链路层　　　　　C. 传输层　　　　　　　D. 网络层

5. 在 ISO 的 7 层模型中,主要功能是组织和同步不同主机上各种进程间通信的层次为(　　　)。

A. 网络层　　　　　　　B. 会话层　　　　　　　C. 传输层　　　　　　　D. 表示层

6. 在 OSI 的 7 层模型中,主要功能是为上层用户提供共同的数据或信息语法表示转换,也可进行数据压缩和加密的层次为(　　　)。

A. 会话层　　　　　　　B. 网络层　　　　　　　C. 表示层　　　　　　　D. 传输层

7. 在开放系统互连参考模型中,把传输的比特流划分为帧的层次是(　　　)。

A. 网络层　　　　　　　B. 数据链路层　　　　　C. 传输层　　　　　　　D. 表示层

8. 在 OSI 的 7 层模型中,提供为建立、维护和拆除物理链路所需的机械的、电气的、功能的和规程的特性的层次是(　　　)。

A. 网络层　　　　　　　B. 数据链路层　　　　　C. 物理层　　　　　　　D. 传输层

9. 在 OSI 的 7 层模型中,负责为 OSI 应用进程提供服务的层次是(　　　)。

A. 应用层　　　　　　　B. 会话层　　　　　　　C. 传输层　　　　　　　D. 表示层

10. 在 OSI 的 7 层模型中,位于物理层和网络层之间的层次是(　　　)。

A. 表示层　　　　　　　B. 应用层　　　　　　　C. 数据链路层　　　　　D. 传输层

第3章 物 理 层

3.1 物理层的基本概念

物理层是计算机网络 OSI 模型中的最底层。

根据 OSI 参考模型的定义,物理层的功能是为在链路实体间传送比特流而对物理连接的接通、维持和拆除提供机械、电气、功能和规程方面的方法。

物理层的作用是尽可能屏蔽现有多种多样的硬件设备、传输媒体和通信手段的差异,使物理层上面的数据链路层感觉不到这些差异的存在,这样数据链路层只需要考虑如何完成本层的协议和服务,而不必考虑网络传输过程中具体的传输媒体和通信手段是什么。简单来说,物理层确保原始的数据可以在各种物理媒介上传输。

物理层的主要任务可描述为确定与传输媒体的接口有关的一些特性。

(1)机械特性,指明接口所用接线器的形状和尺寸、引脚数目和排列、固定和锁定装置等。通俗地讲也就是网线水晶头的设计等一些规定。

(2)电气特性,规定网络传输线路上传输时所用的电压范围。

(3)功能特性,指明线路上出现某一特定电平的意义。

(4)过程特性,也称为规程特性,规定建立连接或实现其他功能时各个部件的工作顺序。

常见的物理层设备有网卡、光纤、串口、并口、同轴电缆等,如图 3-1 所示。

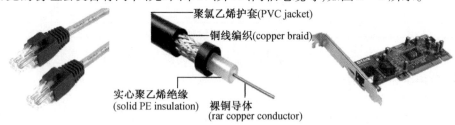

图 3-1 网线、同轴电缆、网卡

3.2 数据通信的基础知识

3.2.1 数据通信系统的模型

数据通信系统可划分为三大部分,即源系统(发送端、发送方)、传输系统(网络传输)和目的系统(接收端、接收方),如图3-2所示。

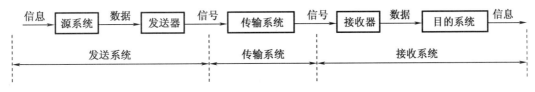

图3-2 数据通信系统的模型

1. 源系统

(1)信源(source)

信源产生要传输的数据。例如,从计算机的键盘输入文字。根据通信对象和任务的不同,信源产生信息的形式也不同,总的来说,可分为连续和离散两种,与此对应的分别有连续信源和离散信源。前者产生幅度随时间连续变化的信号,例如,话筒产生的话音信号;后者产生各种离散的符号或数据。信源又称为源站或源点。

(2)发送器

发送器的作用是将信源传来的数字比特流变换成能在数据通信系统中传输的、具有统一格式的数字信号,这个过程称为信源编码。典型的发送器为调制器。

2. 目的系统

(1)接收器

接收器的作用是接收传输系统传送过来的信号,并把它转换成能够被信宿设备处理的信息。典型的接收器为解调器。

(2)信宿(destination)

信宿是从接收器处获取传送来的数字比特流,然后把信息输出。例如,将文字显示在屏幕上。信宿又称为目的站或终点。

当前很多计算机的发送器和接收器已经被整合为一个设备,即计算机内置的调制解调器。

在源系统和目的系统之间的传输系统可以是简单的传输线,也可以是连接在源系统和目的系统之间的复杂网络系统。

通信的目的是传送消息(message)。如语音、文字、图像、视频等都是消息。数据是运送消息的实体(data),信号(signal)是数据的电气或电磁表现。

根据信号中代表消息的参数的取值方式不同,信号可以分为以下两大类:

(1)模拟信号或连续信号——代表消息的参数的取值是连续的。

(2)数字信号或离散信号——代表消息的参数的取值是离散的。

3.2.2　有关信道的几个基本概念

1. 信道

信道(channel)一般是指用来向某一个方向传送信息的媒体。因此,一条通信线路往往包含两条信道,即一条发送信道,一条接收信道。从通信双方信息交互的方式来看,通信可以有以下三种基本方式。

(1)单向通信

单向通信,又称为单工通信,即只能有一个方向的通信而没有反方向的交互。无线电广播和电视广播就属于单向通信。

(2)双向交替通信

双向交替通信,又称为半双工通信,即通信双方都可以发送消息,但是不能同时通信(也不能同时接收)。一方在发送数据,另一方必须接收数据,等待对方发完,然后自己才能发。例如,对讲机是只有等待一方说完话,另外一方才能说话。

(3)双向同时通信

双向同时通信,又称为全双工通信,即通信的双方可以同时接收和发送消息,电话就属于双向同时通信。显然,双向同时通信的效率最高。

2. 基带信号和带通信号

(1)基带信号

基带信号即基本频带信号,来自信源的信号,例如计算机输出的代表着各种文字或图像文件的数据信号,它们都属于基带信号。基带信号就是信源发出的直接表达要传输信息的信号。

(2)带通信号

带通信号为基带信号经过载波调制后生成的高频模拟信号。

3. 基带调制和带通调制

调制可以分为两大类。一类是仅仅对基带信号的波形进行变换,使它能够与信道特征相适应,变换后的信号仍然是基带信号。这类调制成为基带调制。基带调制的过程也称为编码。另一类调制则需要使用载波(carrier)进行调制,把信号的频率范围移到较高的频段,并转换为模拟信号,使其能够更好地在模拟信道中进行传输。使用载波的这类调制称为带通调制。

(1)常用编码方式

①不归零制:正电平代表1,负电平代表0。

②归零制:正脉冲代表1,负脉冲代表0。

③曼彻斯特编码:每一位周期中心的向上跳变代表0,周期中心的向下跳变代表1。但也可反过来定义。

④差分曼彻斯特编码:在每一位的中心处始终都有跳变。每一位开始边界有跳变代表0,而位的开始边界没有跳变代表1。

常用的编码方式如图3-3所示。

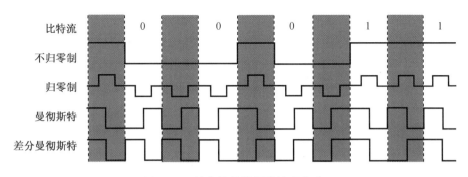

图 3 – 3　数字信号常用的编码方式

（2）基本的带通调制方法

①调幅（AM）：载波的振幅随基带数字信号而变化。

②调频（FM）：载波的频率随基带数字信号而变化。

③调相（PM）：载波的初始相位随基带数字信号而变化。

以上三种调制方法如图 3 – 4 所示。

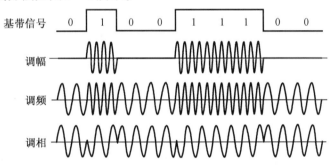

图 3 – 4　最基本的三种调制方法

3.2.3　信道的极限容量

信道容量（channel capacity）是指通信系统的最大传输速率，也就是信道的极限传输能力。实际上任何信道都是不理想的，信道的传输速率受信道带宽的限制。香农（Shannon）和奈奎斯特（Nyquist）分别从不同角度描述了这种限制关系，即香农定理和奈氏准则。

信道的极限容量主要由以下两个方面决定。

1. 信道能够通过的频率范围

信道所能通过的频率范围总是有限的。信号中的许多高频分量往往不能通过信道。在 1924 年，奈奎斯特就推导出了著名的奈氏准则。奈氏准则指出：在任何信道中，码元的传输速率是有上限的，传输速率超过此上限，就会出现严重的码间串扰问题，使接收端对码元的判决（识别）成为不可能。

2. 信噪比

信噪比，英文名称叫作 SNR 或 S/N（signal-noise ratio）。它是指一个电子设备或者电子系统中信号与噪声的比例。这里的信号是指来自设备外部需要通过这台设备进行处理的电子信号；噪声是指经过该设备后产生的原信号中并不存在的无规则的额外信号（或信息），并且该种信号并不随原信号的变化而变化。

信噪比的计算公式为

$$信噪比 = 10 \lg \frac{P_S}{P_N} \tag{3-1}$$

3.2.4 信道的极限信息传输速率

1948 年,信息论的创始人香农推导出了著名的香农公式。

$$C = W \log_2 \left(1 + \frac{S}{N} \right) \tag{3-2}$$

式中,W 为信道的带宽(以 Hz 为单位);S 为信道内所传信号的平均功率;N 为信道内部的高斯噪声功率。

香农公式表明,信道的带宽或信道中的信噪比越大,信息的极限传输速率就越大。香农公式给出了信息传输速率的上限。当通过信道的信号速率超过香农定理的信道容量时,误码率显著提高,信息质量严重下降。

但是需要指出,香农公式仅仅说明了信道容量理论上能够达到的极限,并没有说明如何达到这个极限。

综上所述,对于已经达到最大信噪比且频带宽度已经确定的信道来说,如果码元传输速率也达到了上限值,那么就只能通过编码的方法来进一步提高信息的传输速率,即让每一个码元携带更多比特的信息量。

无线数据传输中,目前极化码(polar code)是唯一有机会达到理论上香农极限的编码。

3.3 多路复用技术

在数据通信系统或计算机网络系统中,传输介质的带宽或容量往往超过传输单一信号的需求,为了有效利用通信线路,需要信道同时传输多路信号,这就是多路复用技术。

多路复用确保了两个信号不会同时占用相同的空间、频率和时间。它的实现方法是增加新的物理链路(空分)、多个信号共享整个带宽的频谱(频分),或者使每个用户都有机会依次访问链路(时分)。

每种技术都在安装、成本、可靠性、检查维修的容易程度,以及可达到的性能级别等方面具有各自的优点和缺点。虽然多路复用可以用于模拟和数字信号,但是时分多路复用适合于数字信号,并且这些数字信号充分利用了数字电路。如图 3-5 所示为信道复用和分用示意图。

图 3-5 信道复用和分用

有四种方法可以增加从发送端点传递到接收端点的信息量或者信号数。按它们发展的历史顺序,它们分别是以下四种。

1. 频分多路复用(Frequency Division Multiplexing,FDM)

在物理信道的可用带宽超过单个原始信号所需带宽情况下,可将物理信道的总带宽分割成若干个与传输单个信号带宽相同的子信道,每个子信道传输一路信号。

2. 时分多路复用(Time Division Multiplexing,TDM)

若传输介质的位传输速率超过传输数据所需的数据传输速率,利用每个信号在时间上的交叉,可将一条物理信道按时间分成若干个时间片轮流地分配给多个信号使用,每一个时间片传输一个信号,如图3－6所示为时分多路复用示意图。

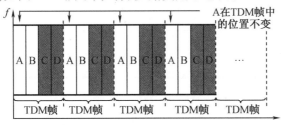

图 3－6　时分多路复用

3. 波分多路复用(Wavelength Division Multiplexing,WDM)

将每条光纤的能量分割成不同的波长,通过过滤器能够过滤出某一波长的光,而其他波长则被过滤掉,每一种波长传输一个信号,如图3－7所示为波分多路复用示意图。

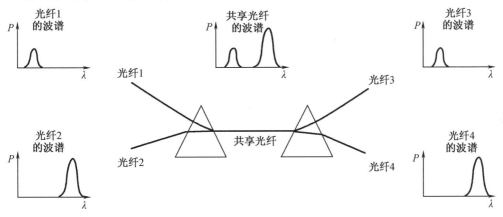

图 3－7　波分多路复用

4. 码片序列(chipping sequence)

为每个用户分配一个唯一的码片序列,其中"0"用"－1"表示,"1"用"＋1"表示。各用户使用相同频率载波,利用各自码片序列编码数据。

3.4　数据交换技术

数据交换技术(data switching techniques),是在两个或多个数据终端设备(DTE)之间建立数据通信的暂时互联通路的各种技术。

在一种任意拓扑结构的数据通信网络中,通过网络节点的某种转接方式来实现从任一端系统到另一端系统之间接通数据通路的技术,称为数据交换技术。

数据交换技术主要包括电路交换、分组交换和报文交换。其原理与一般电话交换原理相同。根据主叫 DTE 的拨号信号所指定的被叫 DTE 地址,在收发 DTE 之间建立一条临时的物理电路,这条电路一直保持到通信结束才拆除。在通信过程中,不论进行什么样的数据传输,交换机完全不干预地提供透明传输,但通信双方必须采用相同速率和相同的字符代码,不能实现不兼容 DTE 的通信。

1. 电路交换

由于电路交换在通信之前要在通信双方之间建立一条被双方独占的物理通路,该物理通路由通信双方之间的交换设备和链路逐段连接而成,因而有以下优缺点。

（1）优点

①由于通信线路为通信双方用户专用,数据直达,所以传输数据的时延非常小。

②通信双方之间的物理通路一旦建立,双方可以随时通信,实时性强。

③双方通信时按发送顺序传送数据,不存在失序问题。

④电路交换既适用于传输模拟信号,也适用于传输数字信号。

⑤电路交换中的交换设备(交换机等)及其控制均较简单。

（2）缺点

①电路交换的平均连接建立时间对计算机通信来说较长。

②电路交换连接建立后,物理通路被通信双方独占,即使通信线路空闲,也不能供其他用户使用,因而信道利用率低。

③电路交换时,数据直达,不同类型、不同规格、不同速率的终端很难相互进行通信,也难以在通信过程中进行差错控制。

2. 报文交换

报文交换虽然提高了电路利用率,但报文经存储转发后会产生较大的时延。报文愈长、转接的次数愈多,时延就愈大。为了减少数据传输的时延,提高数据传输的实时性,产生了分组交换。

报文交换是以报文为数据交换的单位,报文携带有目标地址、源地址等信息,在交换节点采用存储转发的传输方式,因而有以下优缺点。

（1）优点

①报文交换不需要为通信双方预先建立一条专用的通信线路,不存在建立连接时延,用户可随时发送报文。

②由于采用存储转发的传输方式,使之具有下列优点。

a. 在报文交换中便于设置代码检验和数据重发设施,加之交换节点能够进行路径选择,因此当某条传输路径发生故障时,可重新选择另一条路径传输数据,提高了传输的可靠性。

b. 在存储转发中容易实现代码转换和速率匹配,甚至收发双方可以不同时处于可用状态。这样便于在类型、规格和速度不同的计算机之间进行通信。

c. 提供多目标服务,即一个报文可以同时发送到多个目的地址,这在电路交换中是很难实现的。

d. 允许建立数据传输的优先级,使优先级高的报文优先传输。

③通信双方不是固定占有一条通信线路,而是在不同的时间一段一段地部分占有这条

物理通路,因而大大提高了通信线路的利用率。

(2)缺点

①由于数据进入交换节点后要经历存储转发这一过程,从而引起转发时延(包括接收报文、检验正确性、排队、发送时间等),而且网络的通信量愈大,造成的时延就愈大,因此报文交换的实时性差,不适合传送实时或交互式业务的数据。

②报文交换只适用于数字信号。

③由于报文长度没有限制,而每个中间节点都要完整地接收传来的整个报文,当输出线路不空闲时,还可能要存储几个完整报文等待转发,要求网络中每个节点有较大的缓存区。为了降低成本,减少节点的缓冲存储器的容量,有时要把等待转发的报文存在磁盘上,这进一步增加了传送时延。

3. 分组交换

电路交换的缺点之一是电路利用率低,即使双方在通信过程中有很多空闲时间,其他用户也不能利用。针对电路交换的这一缺点,产生了另一种利用计算机进行存储转发的报文交换。它的基本原理是当 DTE 信息到达作为报文交换用的计算机时,先存放在外存储器中,然后中央处理机分析报头,确定转发路由,并到与此路由相对应的输出中继电路上进行排队,等待输出。一旦中继电路空闲,计算机立即将报文从外存储器取出后发往下一交换机。由于输出中继电路上传送的是不同用户发来的报文,不是专门传送某一用户的报文,从而提高了中继电路的利用率。

分组交换仍采用存储转发传输方式,但将一个长报文先分割为若干个较短的分组,然后把这些分组(携带源、目的地址和编号信息)逐个地发送出去,因此,分组交换除了具有报文的优点外,与报文交换相比有以下优缺点。

(1)优点

①加速了数据在网络中的传输。因为分组是逐个传输,可以使后一个分组的存储操作与前一个分组的转发操作并行,这种流水线式传输方式减少了报文的传输时间。此外,传输一个分组所需的缓存区比传输一份报文所需的缓存区小得多,这样因缓存区不足而等待发送的概率及等待的时间也必然少得多。

②简化了存储管理。因为分组的长度固定,相应的缓存区的大小也固定,在交换节点中存储器的管理通常被简化为对缓存区的管理,对缓存区的管理相对比较容易。

③减少了出错概率和重发数据量。因为分组较短,其出错概率必然减少,每次重发的数据量也就大大减少,这样不仅提高了可靠性,也减少了传输时延。

④由于分组短小,更适用于采用优先级策略,便于及时传送一些紧急数据,因此对于计算机之间的突发式的数据通信,分组交换显然更为合适些。

(2)缺点

①尽管分组交换比报文交换的传输时延少,但仍存在存储转发时延,而且其节点交换机必须具有更强的处理能力。

②分组交换与报文交换一样,每个分组都要加上源、目的地址和分组编号等信息,使传送的信息量增大 5% ~ 10% ,一定程度上降低了通信效率,增加了处理的时间,使控制复杂,时延增加。

③当分组交换采用数据报服务时,可能出现失序、丢失或重复分组,分组到达目的节点时,要对分组按编号进行排序等工作,增加了处理过程。若采用虚电路服务,虽无失序问

题,但有呼叫建立、数据传输和虚电路释放三个过程。

分组交换也是一种存储转发交换方式,但它是将报文划分为一定长度的分组,以分组为单位进行存储转发,这样既继承了报文交换方式电路利用率高的优点,又克服了其时延较大的缺点。分组交换利用统计时分复用原理,将一条数据链路复用成多个逻辑信道,在建立呼叫时,通过逐段选择逻辑信道,最终构成一条主叫、被叫用户之间的信息传送通路,即虚电路,从而实现数据分组的传送。

虚电路是分组交换提供的一种业务类型,它属于连接型业务,即通信双方在开始通信前必须首先建立起逻辑上的连接。由于存在这一连接,在源节点分组交换机与目的节点分组交换机之间发送与接收分组的次序将保持不变。

分组交换提供的另一种业务类型是数据报,它属于无连接型业务,在这类业务中将每一分组作为一个独立的报文进行传送,通信双方在开始通信前无须建立虚电路连接,因而在一次通信过程中,源节点分组交换机与目的节点分组交换机之间发送与接收分组的次序不一定相同,接收方分组的重新排序将由终端来完成。

同时,分组在网内传输过程中可能出现的丢失与重复差错,网络本身不做处理,均由双方终端的协议来解决。一般说来,数据报业务对节点交换机要求的处理开销小,传送时延短,但对终端的要求较高;而虚电路业务则相反。

这三种交换方式各有优缺点,因而各有适用场合,并且可以互相补充。若要传送的数据量很大,且其传送时间要远大于呼叫时间,则采用电路交换较为合适;当端到端的通路由很多段的链路组成时,采用分组交换传送数据较为合适。从提高整个网络的信道利用率上看,报文交换和分组交换优于电路交换,其中分组交换比报文交换的时延小,尤其适合于计算机之间的突发式的数据通信。

与电路交换相比,分组交换电路利用率高,可实现变速、变码、差错控制和流量控制等功能。与报文交换相比,分组交换时延小,具备实时通信特点。分组交换还具有多逻辑信道通信的能力。但分组交换获得的优点是有代价的。把报文划分成若干个分组,每个分组前要加一个有关控制与监督信息的分组头,增加了网络开销。所以,分组交换适用于报文不是很长的数据通信,电路交换适用于报文长且通信量大的数据通信。

3.5 物理层的传输介质

传输介质是通信网络中发送方和接收方之间的物理通路。计算机网络中采用的有线传输介质包括双绞线、同轴电缆和光纤;无线传输介质包括无线通信、微波通信、红外通信,以及激光通信。

1. 传输介质的特性

(1)物理特性:说明传输介质的特征。

(2)传输特性:包括信号形式、调制技术、传输速率,以及频带宽度等内容。

(3)连通性:采用点到点连接还是多点连接。

(4)地理范围:网络上各点之间的最大距离。

(5)抗干扰性:防止噪音、电磁干扰对数据传输影响的能力。

(6)相对价格:以元件、安装和维护的价格为基础。

2. 双绞线 (最常用的传输介质)

(1) 概念:由螺旋状扭在一起的两根、四根或八根绝缘铜质导线组成,线对扭在一起可以减少相互之间的辐射电磁干扰,双绞线可以传输模拟信号和数字信号。

(2) 分类:一般分为无屏蔽的和屏蔽的。

无屏蔽双绞线 (Unshielded Twist Pair, UTP) 就像普通电话线一样,使用方便,价格便宜,但容易受到外部电磁场的干扰。

屏蔽双绞线 (Shielded Twist Pair, STP) 是用铝箔将双绞线屏蔽起来,以减少干扰,但价格比较贵。

(3) 电子工业协议 EIA 的标准:3 类线、5 类线和 6 类线、7 类线。

① 3 类线 (category 3) 能承载 16 MHz。

② 5 类线 (category 5) 能承载 100 MHz。

③ 6 类线、7 类线应用于 10G 以太网中。

3. 同轴电缆

(1) 概念:同轴电缆由一对导体组成,但是它们是按"同轴"形式构成线对,最里层是内芯,向外依次为绝缘材料、屏蔽层、塑料外套,内芯和屏蔽层构成一对导体。

(2) 分类:基带同轴电缆和宽带同轴电缆。

① 基带同轴电缆可分为粗缆和细缆,主要用于直接传输数字信号。

② 宽带同轴电缆主要用于频分多路复用的模拟信号传输,也可用于不使用频分多路复用的高速的数字信号和模拟信号传输。

(3) 传输距离:基带同轴电缆最大距离是几千米,宽带同轴电缆最大距离是几十千米。

4. 光纤

(1) 概念:光纤是光导纤维的简称,它由能传导光波的超细石英玻璃纤维外加保护层构成,多条光纤组成一束,就构成一条光缆。

(2) 光纤发射端的光源分类:发光二极管和注入型激光二极管。

① 发光二极管 (Light Emitting Diode, LED) 是根据电流通过时产生可见光原理进行工作的,定向性差。

② 注入型激光二极管 (Injection Laser Diode, ILD) 是根据激光原理进行工作的,定向性好。

(3) 接收端是一个光电二极管,分为 PIN 检波器和 APD 检波器。

① PIN 光电二极管是在二极管的 P 层和 N 层之间增加一小段纯硅。

② APD 光电二极管的外部特性和 PIN 类似,使用了较强的电磁场。

5. 无线传输介质

(1) 概念:通过空间传输,不需要架设或铺设电缆或光纤。

(2) 分类:无线电波、微波、红外线和可见光。

6. 传输介质的选择

(1) 选择因素:网络拓扑的结构、实际需要的通信容量、可靠性要求、能承受的价格范围。

(2) 双绞线:价格便宜,带宽受限制,单幢建筑物或流量少的地方可以使用。

(3) 同轴电缆:价格较贵,大多数局域网都采用同轴电缆。

(4) 光纤:具有频带宽、速率高、体积小、质量小、衰减小、能电磁隔离、误码率低等优点,但是价格太高,广泛用于高速数据通信网。

(5)无线:无线数字网未来前景非常好。

习 题

一、选择题

1. 在同一个信道上的同一时刻,能够进行双向数据传送的通信方式是(   )。

A. 单工   B. 半双工   C. 全双工   D. 上述三种均不是

2. 常用的传输介质中,(   )的带宽最宽,信号传输衰减最小,抗干扰能力最强。

A. 双绞线   B. 同轴电缆   C. 光纤   D. 微波

3. 下面属于无线传输媒体的是(   )。

A. 同轴电缆   B. 双绞线   C. 光纤   D. 光波

4. 拥有双向信道,但在同一时刻只能进行单向数据传送的通信方式是(   )。

A. 单工   B. 半双工   C. 全双工   D. 上述三种均不是

5. 如果某网络波特率为 60 B,每个波形有 8 个有效电平,则比特率应为(   )。

A. 20 b/s   B. 80 b/s   C. 120 b/s   D. 180 b/s

6. 光纤传输是运用(   )特点。

A. 光的反射   B. 光的折射   C. 光的衍射   D. 光的全反射

7. 使用一条双绞线连接两台主机时,如果一端为 568B 规则,另一端应为(   )。

A. 568A   B. 568B   C. RS-232   D. 以上都不对

8. 使用一条双绞线连接两台主机时,如果一端为 568A 规则,另一端应为(   )。

A. 568A   B. 568B   C. RS-232   D. 以上都不对

二、填空题

1. 3 类双绞线使用 RJ-11 连接器,5 类双绞线使用_____连接器。

2. QAM 中文全称是_____,它是同时改变载波的两个物理量_____和_____。

3. 常用的局域网传输介质包括_____、_____、同轴电缆和无线通信信道等。

4. 短波通信主要是依靠_____原理,微波通信主要依靠_____和卫星通信。卫星通信频带很宽,但另一个特点就是有较大的_____。

5. 若某网络的波特率为 10 KB,比特率为 50 Kb/s,则每个波的有效电平数为_____。

6. 若某网络的波特率为 10 KB,每个波的有效电平数为 8,则其比特率为_____。

7. 通信系统中,称调制前的电信号为_____信号,调制后的信号为调制信号。

8. 网络的传输介质主要有同轴电缆、双绞线、光纤,其中最便宜的是_____,最贵的是_____,最笨重的是_____。

9. 在常用的局域网传输介质中,_____的带宽最宽,信号传输衰减最小,抗干扰能力最强。

10. 在使用双绞线直接连接 2 台计算机的网卡时,如果一端的线序为 568 B 规则,那么另一端应使用_____规则。

11. 在同一个信道上的同一时刻,能够进行双向数据传送的通信方式是_____。

三、判断题(正确:T;错误:F)

1. 由于电的传输速率很高,因此可以忽略电信号在主机间传输所需要的时间。(   )

2. 信道的带宽越大,则其信道容量越大。   (   )

3．宽带信号是将数字信号 0 或 1 直接用两种不同的电压来表示。　　　　（　　）

4．基带调制解调器是一种进行模拟信号与数字信号转换的网络设备。　　（　　）

5．多模光纤比单模光纤成本高。　　　　　　　　　　　　　　　　　（　　）

6．电话是全双工通信的。　　　　　　　　　　　　　　　　　　　　（　　）

7．当串口波特率为 9 600 B 时,无法连接 56 K 的调制解调器。　　　　（　　）

第4章　数据链路层

4.1　数据链路层功能

数据链路层的最基本的功能是向该层用户提供透明和可靠的数据传送基本服务。透明性是指该层上传输的数据内容、格式及编码没有限制,也没有必要解释信息结构的意义;可靠的传输使用户免去对丢失信息、干扰信息及顺序不正确等的担心。在物理层中这些情况都可能发生,在数据链路层中必须用纠错码来检错与纠错。数据链路层是对物理层传输原始比特流功能的加强,将物理层提供的可能出错的物理连接改造成为逻辑上无差错的数据链路,使之对网络层表现为无差错的线路。如果想用尽量少的词来记住数据链路层,那就是"帧和介质访问控制"。数据链路层的主要功能有帧同步功能、差错控制功能、流量控制功能和链路管理功能。

4.1.1　帧同步功能

为了使传输中发生差错后只将错的有限数据进行重发,数据链路层将比特流组合成以帧为单位进行传送。每个帧除了包括要传送的数据外,还包括校验码,使接收方能发现传输中的差错。帧的组织结构必须设计成使接收方能够从物理层收到的比特流中明确地对其进行识别,即能从比特流中区分出帧的起始与终止,这就是帧同步要解决的问题。由于网络传输中很难保证计时的正确性和一致性,所以不可采用依靠时间间隔关系来确定一帧的起始与终止的方法。

1.字节计数法

这是一种以一个特殊字符表示一帧的起始,并以一个专门字段来标明帧内字节数的帧同步方法。接收方可以通过对该特殊字符的识别从比特流中区分出帧的起始,并从专门字段中获知该帧中的数据字节数,从而可确定帧的终止位置。面向字节计数的同步规程的典型代表是 DEC 公司的数字数据通信报文协议(Digital Data Communications Message Protocol,DDCMP)。

控制字符 SOH 标志数据帧的起始。实际传输中,SOH 前还要以两个或更多个同步字符来确定一帧的起始,有时也允许本帧的头紧接着上帧的尾,此时两帧之间就不必再加同步字符。COUNT 字段共有 14 位,用以指示帧中数据段的数据字节数,14 位二进制数的最大值为 $2^{14} - 2^0 = 16\ 383$,所以数据最大长度为 $8 \times 16\ 383 = 131\ 064$。DDCMP 协议就是靠这个字节计数来确定帧的终止位置。DDCMP 帧格式中的 ACK、SEG、ADDR 及 FLAG 中的第 2 位,它们的功能分别类似于本章稍后介绍的 HDLC 中的 N(S)、N(S)、ADDR 及 PIF 位。CRC1、CRC2 分别对标题部分和数据部分进行双重校验,强调标题部分单独校验的原因是,一旦标题部分中的 CONUT 字段出错,即失去了帧边界划分的依据,将造成严重的后果。由于采用字符计数方法来确定帧的终止边界不会引起数据及其他信息的混淆,因而不必采用任何措施便可实现数据的透明性,即任何数据均可不受限制地传输。

2.使用字符填充的首尾定界符法

该方法用一些特定的字符来定界一帧的起始与终止,为了不使数据信息位中出现与特定字符相同的字符被误判为帧的首尾定界符,可以在这种数据字符前填充一个转义控制字符(DLE)以示区别,从而达到数据的透明性。但这种方法使用起来比较麻烦,而且所用的特定字符过分依赖所采用的字符编码集,兼容性比较差。

3.使用比特填充的首尾标志法

该方法以一组特定的比特模式(例如,01111110)来标志一帧的起始与终止。本章稍后要详细介绍的 HDLC 规程即采用该法。为了不使信息位中出现与特定比特模式相似的比特串,从而被误判为帧的首尾标志,可以采用比特填充的方法。例如,采用特定模式01111110,则对信息位中的任何连续出现的 5 个"1",发送方自动在其后插入一个"0",而接收方则做该过程的逆操作,即每接收到连续 5 个"1",则自动删去其后所跟的"0",以此恢复原始信息,实现数据传输的透明性。比特填充很容易由硬件来实现,性能优于字符填充方法。

4.违法编码法

该方法在物理层采用特定的比特编码方法时采用。例如,一种被称作曼彻斯特编码的方法,是将数据比特"1"编码成"高 - 低"电平对,而将数据比特"0"编码成"低 - 高"电平对。而"高 - 高"电平对和"低 - 低"电平对在数据比特中是违法的,可以借用这些违法编码序列来定界帧的起始与终止。局域网 IEEE 802 标准中就采用了这种方法。违法编码法不需要任何填充技术,便能实现数据的透明性,但它只适用于采用冗余编码的特殊编码环境。由于字节计数法中 COUNT 字段的脆弱性以及字符填充法实现上的复杂性和不兼容性,目前较普遍使用的帧同步法是比特填充和违法编码法。

4.1.2　差错控制功能

一个实用的通信系统必须具备发现或检测这种差错的能力,并采取某种措施予以纠正,使差错被控制在所能允许的、尽可能小的范围内,这就是差错控制过程,也是数据链路层的主要功能之一。

对差错编码(如奇偶校验码、检查和 CRC)的检查,可以判定一帧在传输过程中是否发生了错误。一旦发现错误,一般可以采用反馈重发的方法来纠正。这就要求接收方接收完一帧后,向发送方反馈一个接收是否正确的信息,使发送方做出不需要重新发送的决定,即发送方收到接收方已正确接收的反馈信号后,才能认为该帧已经正确发送完毕,否则需要重新发送直至正确为止。

物理信道的突发噪声可能完全"淹没"一帧,即使整个数据帧或反馈信息帧丢失,这将导致发送方永远收不到接收方发来的反馈信息,从而使传输过程停滞。为了避免出现这种情况,通常引入计时器(Timer)来限定接收方发回反馈信息的时间间隔,当发送方发送一帧的同时也启动计时器,若在限定时间间隔内未能收到接收方的反馈信息,即计时器超时(Time out),则可认为传输的帧已出错或丢失,继而要重新发送。由于同一帧数据可能被重复发送多次,就可能引起接收方多次收到同一帧并将其递交给网络层的危险。为了防止发生这种危险,可以采用对发送的帧进行编号的方法,即赋予每帧一个序号,使接收方能从该序号来区分是新发送来的帧还是已经接收又重新发送来的帧,以此来确定要不要将接收到的帧递交给网络层。数据链路层通过使用计数器和序号来保证每帧最终都被正确地递交给目标网络层一次。

4.1.3 流量控制功能

首先需要说明一下,流量控制并不是数据链路层特有的功能,许多高层协议中也提供流量控制功能,只不过流量控制的对象不同而已。对于数据链路层来说,控制的是相邻两点之间数据链路上的流量。而对于传输层来说,控制则是从源到最终目的地之间端对端的流量。

数据链路层的协议中一个很重要的功能就是进行流量控制,那么链路层是怎么进行流量控制的呢? 首先什么是流量控制? 为什么要进行流量控制? 如图4-1所示,为一次数据传输的过程。

图4-1 一次数据传输的过程

发送方发给接收方数据,如果发送方每1秒发送100个数据包,接收方1秒只能处理50个数据包,会出现什么现象呢? 接收方会在缓存中大量缓存接收的数据包,直到缓存区满,满了之后会怎么样? 接着就会出现最不能容忍的情况,缓存区溢出,也就是丢包的现象。所以接收方一定要在缓存区快满的时候通知发送方让其降低发送速度,即数据链路层的流量控制。流量控制用于确保实体发送的数据不会覆盖接收实体已接收的数据。那么流量控制有哪些方法呢? 主要有两种:停等流量控制和滑动窗口流量控制,具体解释如下。

1. 停等流量控制

发送实体发送一个帧,接收实体接收处理完之后必须发回一个对于这个帧的确认,表示自己同意接收下一个帧,发送方收到这个确认之后,才能发送下一个帧。所谓停等,即接收方能够通过简单地停止发送确认的方式来阻止数据流的发送。

停等方式有一个明显的优点,它的控制非常简单,发送方除了发送数据就是接收确认,接收方每次就发送一个确认即可,但也有很明显的缺点,它的效率不高。考虑下面的情景,如果发送一个包长424 b,两端相距1 000 km,光纤的传输数据速率为155 Mb/s,那么传播时间(实体发送数据的时间)Tframe是$424/155\ 000\ 000 = 2.7 \times 10^{-6}$。但是在介质中的传输时间Tprop却达到了$100\ 000/30\ 000\ 000 = 0.33 \times 10^{-2}$。对于停等协议,效率只有$\alpha =$ Tframe/(Tframe + 2Tprop) = 0.04%,也就是线路在很长时间内都是空闲的,效率很差。

2. 滑动窗口流量控制

我们很自然地想到,既然任何时刻都只有一个数据发送效率很低,那么我们一次发送n个数据,等待一个确认,不就会让效率高了吗? 这个就是滑动窗口协议的思想。滑动窗口协议即利用窗口控制连续发送的数据量。注意:必须为每一个帧分配一个序号,接收端需要按照序号接收,进行校验是否出错。

如图4-2所示的发送窗口为5,所以一次最多就能发送5个帧;接收窗口只有1个,所以一次只能接收 1 帧。这里可以看出来,发送窗口和接收窗口不一样大也是可以的。发送方一次发送 5 个帧,接收方收到之后予以确认,发送方收到确认之后窗口前移,接着发送下面的帧(5,6,7,0,…)。接收方发送确认之后窗口也要前移,等待下一个帧的接收。

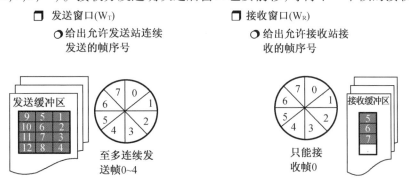

图 4 - 2　发送/接收窗口示意图

请注意以下两方面。

第一,序号是循环使用的,这很好理解,因为一共就那么多存储空间,从 7 之后肯定要回到 0,否则一直增大下去就会没有存储空间。

第二,滑动窗口只是一个序号,滑到这个窗口就发送或接收对应的帧,而不是代表窗口里面是这个帧。事实上应该是有专门的缓存区来存这些帧,滑动窗口滑到哪里,就对应滑动窗口的序号去缓存区取那个有帧号的帧即可。

如图 4 - 3 所示,最开始在滑动窗口中的是帧 0～4,一共 5 帧,接收方滑动窗口只有 1帧,序号为 0。发送方一次发送了两个帧 0 与 1,那么滑动窗口滑了 2 位,帧号变成了 2～6,接收方收到了 0 与 1,那么它的滑动窗口也就变成了 2,表示下一步期待接收的是帧序号为2 的帧,再给发送方发送 ACK2,表示我正确接收了前两帧 0 和 1,等待开始接收下两帧。

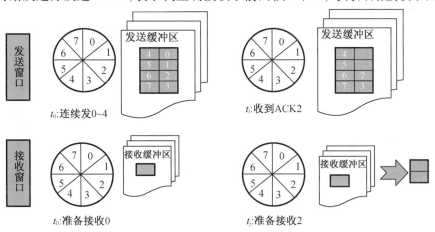

图 4 - 3　发送/接收窗口示意图

更具体来说,如图 4 - 4 所示,发送方连续发送了 5 帧之后,每次再发送,窗口的下限前移(窗口变小),每次接收到之前的确认,窗口的上限前移,窗口变大,变回原来的大小。对于接收方,每次接收到帧之后,窗口的下限前移,窗口减小,收到帧确认无误并发送确认之后,窗口的上限前移,窗口变大,变回原来大小。这样保证了接收方和发送方的窗口大小都保持相对不变,不会随着发送时间的变化变大或者变小。

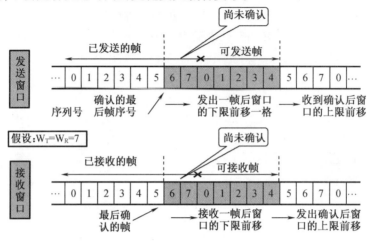

图 4-4 发送/接收窗口动态变化过程

对于发送方,只能发送发送窗口内序号对应的帧。对于接收方来说,发送确认的前提条件是接收到的帧落在自己的接收窗口里面,并且校验正确,这样才能发回确认,发回确认之后再把自己的窗口上限前移。

对于滑动窗口协议,因为它可以一直发送,效率明显变高。如果窗口大小 N 要大于传输延迟和发送时间之和 T(这个时间可以理解为一个帧从发送到在信道中的时间,再到确认返回的时间这三者之和),那么就可以一直发送,所以效率可以达到 100%。如果 $N < T$,那么最多把 N 个帧一起发送,因为循环序号的问题,没办法再多发送,不能同时存在两个同样序号的帧,所以最多一次发送 N 个帧,信道会有空闲,效率为 N/T。

不论是停等协议还是滑动窗口协议,都是通过接收方把自己的反馈(ACK)发送给接收方,发送方通过这个反馈判断接收方的状态再进行发送。停等协议是滑动窗口协议的特殊版($W_T = 1$)而已,这就是链路层用于流量控制的方法。

4.1.4 链路管理功能

链路管理功能主要用于面向连接的服务。当链路两端的节点要进行通信前,必须首先确认对方已处于就绪状态,并交换一些必要的信息以对帧序号初始化,然后才能建立连接,在传输过程中要能维持该连接。如果出现差错,需要重新初始化,重新自动建立连接。传输完毕后则要释放连接。数据链路层连接的建立、维持和释放就称作链路管理。在多个站点共享同一物理信道的情况下,例如在 LAN 中,如何在要求通信的站点间分配和管理信道也属于数据链路层管理的范畴。

4.2 差 错 控 制

帧同步虽然可以区分每个数据帧的起始和结束,但是还没有解决数据正确传输的两方面问题:一是帧出现错误;二是帧丢失。这都是数据链路层确保向网络层提供可靠数据传输服务要解决的问题,也就是数据链路层的差错控制功能。

要实现差错控制功能,就必须具备两种能力:一是具备发现差错的能力;二是具备纠正差错的能力。

4.2.1 差错检测

在数据链路层检测数据传输错误的方法一般是通过对差错编码进行校验来实现,常见的有奇偶校验码(PCC)和循环冗余校验(CRC)。PCC 就不用多说了,在最后设置一个奇偶校验位;循环冗余校验是一种根据传输或保存的数据而产生固定位数校验码的方法,主要用来检测或校验数据传输或者保存后可能出现的错误。生成的数字在传输或者储存之前计算出来并且附加到数据后面,然后接收端进行检验确定数据是否发生变化。

4.2.2 差错纠正

1. 反馈检测法

在接收端接收完一帧数据后,向发送端发送所接收到的完整数据帧,发送端在收到接收端发送的反馈信息后,通过对比保存在缓存中原来该帧的数据来判断接收端是否正确接收到了该数据帧。如果判断该数据帧出了错,则发送端向接收端发送一个 DEL 字符及相应的帧信息,提示接收端删除对应的帧,然后重发该帧,否则表示接收端已正确接收了对应帧。但是,如果传输过程中数据全部丢失的话,这种方法就无效了,因为接收端没有接收到这帧数据,自然也就不会向发送端发送反馈信息。为了解决这个问题,通常在数据发送时引入计时器来限定接收端发回反馈信息的时间间隔。当发送端发送一帧数据的同时启动计时器,若在限定时间间隔内没有收到接收端的反馈信息,即计时器超时,则可认为传输的对应帧出错或丢失,继而发送端知道需要重发该帧。同时,为了避免同一帧数据可能被多次重复传送(计时器规定时间外到达),引发接收端多次收到同一帧并将其递交给网络层的危险,采用对发送的帧进行编号的方法,即同一个帧的编号是一样的,这样接收端便能从帧编号来区分是否是新发来的帧。

2. 空闲重发请求方案

可以看出,反馈检测法中一帧数据会在信道中至少需要一个往返共传输两次,传输效率低,事实上一般并没有采用这种差错控制方法,而是采用一种称为自动重发请求的方法。其实原理就是先让发送端将要发送的数据帧附加一定的校验码 PCC 或 CRC 等一起发送,接收端则根据校验码对数据帧进行错误检测,若发现错误,就返回请求重发的响应,不用返回全部的帧,一个信号即可,发送端收到请求重发的响应后,便重新发送该数据帧。

空闲重发请求方案又称停等法,如图 4 - 5 所示,该方案规定发送端每发送一帧后就要停下来,然后等待接收端发来的确认消息,当接收端确认(ACK)信息后才继续发送下一数据帧。如果收到的是否认(NACK)消息,表示接收端的数据有错,请求发送端重发。另外,计时器超时时,发送端也会重发对应的帧。

回退 N 帧策略的基本原理是如果发送端一共发送了 n 个数据帧(编号从 0 一直到 $n-1$),但收到接收端发来的 ACK 确认帧中少了某一个或几个帧的 ACK 确认帧(数据帧丢失或 ACK 帧丢失,最终造成 ACK 确认帧不连续),或者是接收到某一帧时检测出有错,接收端发送一个 NACK 否认帧给发送端,或者计时器超时,则发送端可以判断接收端最后一个正确接收的帧编号,然后从缓存空间的重发表中重发所收到的最后一个 ACK 确认帧序号以后的所有帧。

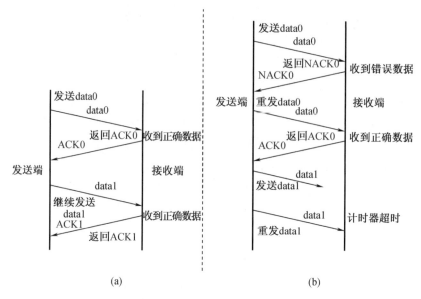

图4-5 空闲重发请求方案示意图

(a)数据正确;(b)数据错误或超时

打个简单的比方,类似小孩子数数,从1数到100。空闲重发请求差错控制方案的具体实现过程如下。

(1)发送端每次仅将当前数据帧作为待确认帧保留在缓冲存储器中,当发送端开始发送数据帧时,随即启动计时器。

(2)当接收端收到这个数据帧时,先利用帧中附带的校验码进行校验,确认无差错后,向发送端返回一个确认消息;当检测到该帧有错误时,向发送端返回一个否认帧,同时丢弃该帧。

(3)如果发送端在计时器规定的时间内收到来自接收端的确认消息,即将计时器清零,清除缓存中的待确认帧,然后再开始下一数据帧的发送,若发送端在规定时间内未收到来自接收端的确认消息(计时器超时),则重发存放于缓冲器中的待确认数据帧。

上面的实现可以通俗地解释为,一个小孩子学数数,从1到10,他一个数字一个数字地数,说一个,然后家长点头说对,他又继续往下数。家长的点头就是确认信号,没点头,就继续数该数的正确数字,直到家长点头。

回顾上面的空闲重发请求差错控制方案,它每传送一个数据帧都要有一个等待时间,称为占空时间,信道的有效利用率低,占空时间与传送一个帧的全部时间的比例,称为占空比。数据帧越短,占空比越大,也就意味着信道的利用率越低,所以对于较短的数据帧传送,传输效率低下。对于较长的数据帧,虽然信道利用率高了,但是出错的概率也随之变大了,会出现多次重发,必须等待这一帧正确传输才能传输下一帧,但这样会降低传输效率。

3.连续重发请求方案

连续重发请求方案是指发送端可以连续发送一系列数据帧(也不总是不断地发送,具体可以连续发送多少个帧,要视双方的缓存空间大小,即窗口大小而定),即不用等前一帧被确认便可继续发送下一帧,效率大大提高。同时,在这个连续发送的过程中也可以接收来自接收端的响应消息(确认帧或否认帧),发送端同样可以对传输出错的数据帧(否认帧或计时器超时的帧)进行重发。

连续重发请求方案有两种处理策略:回退 N 帧(GO-BACK-N)策略和选择重发(selective repeat)策略。

(1)回退 N 帧策略

例如,从 1 按顺序数数,数到 45 时,中间跳过了几个数,直接数 56,57,58,…,然后就要从出错的那个数(本来是数 46 的)重新开始数,尽管后面的 57,58,…是正确的,但是还要再从出错的那个数重新数,这就是回退 N 帧策略的差错控制原理,如图 4-6 所示。

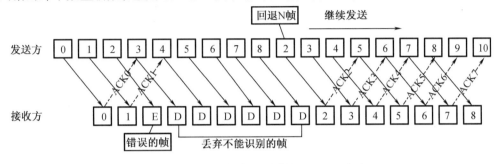

图 4-6 回退 N 帧策略差错控制原理示意图

结合图 4-6 的示意图,分析一下回退 N 帧策略中的数据处理流程。

①理想情形下的数据处理

就是数据帧和确认帧都不发生差错或丢失的情形,数据帧传输一切顺利。

a. 发送端连续发送数据帧,而不等待任何数据帧的 ACK 帧返回,前面提到的"空闲重发请求方案",则需要等待数据帧的 ACK 帧返回,才能继续发送下一帧。

b. 发送端在重发表中会保存所发送的每个数据帧的备份(以防出错需要重发)。

c. 接收端对每一个正确收到的数据帧返回一个 ACK 帧,ACK 帧中包括对应帧的编号。

d. 接收端保存一个接收(次序)表,包含最后正确收到的数据帧的编号(便于知道出错的是哪一帧)。

e. 当发送端收到相应数据帧的 ACK 帧后,发送端即从重发表中删除该数据帧。

②存在帧差错情形下的数据处理

帧差错包括这样几种情形:数据帧在接收端检测出错,数据帧或响应帧在传输过程中出现丢失的差错。

a. 假设发送的第 N+1 个帧发生了差错,接收端要么检测出第 N+1 帧有错,要么发现没有接收到 N+1 帧,反而接收到了第 N+2 帧或第 N+3 帧,或后边其他帧。

b. 出现这种情况时,接收端立即返回一个相应的未正确接收的否认帧 NACK(N+1),预示接收端最后正确收到的是第 N 帧(N+1 帧的前一帧),同时对后面每个失序的数据帧,接收端都会产生相应的 NACK 帧,否则如果所发送的 NACK(N+1)正好丢失或出错,将产生死锁,即发送端不停地发送新的帧,同时等待对第 N+1 帧的确认,而接收端不停地清除后继的帧,当然可以通过超时机制或者流量控制来避免死锁的发生。

c. 发送端在收到 NACK(N+1)帧,或者收到了 NACK(N+2)、NACK(N+3)……帧时,在重发表中重发第 N+1 帧或者对应的 NACK 帧中序号所对应的帧,同时接收端清除所有失序的帧(从第 N+2 帧或者对应 NACK 帧中序号所对应的帧开始),直到正确接收到重发的第 N+1 或者对应 NACK 帧中序号所对应的帧。换句话说,只要出错的那一帧没有正确接收到重发的该帧,那么这中间接收的所有帧,即使都是正确的,接收端也都会清除。可以看出,这是个大大降低传输效率的地方。

d. 接收端重新收到第 N + 1 帧,或者对应的 NACK 帧中序号所对应的帧,接收端就继续操作。

通过上面的原理剖析,相比于空闲重发请求方案,回退 N 帧可以连续发送数据帧而提高传输效率,但是其出错再重发时必须把原来已正确传输过的数据帧再次发送,仅仅是因为这些正确数据帧前面的某个数据帧或确认帧发生了差错,这样无疑降低了传输效率。因此,当通信链路的传输质量很差,误码率较大时,回退 N 帧策略就没什么优势了,因为这时可能要重传大量的数据帧。

(2)选择重发策略

算法总是不断改进的,针对回退 N 帧策略的弊端,提出了效率更高的连续重发请求差错控制策略——选择重发策略。这个策略主要是针对回退 N 帧差错控制策略做出的改进。当接收端发现某帧出错后,其后继发来的正确帧虽然不能立即递交给接收端的网络层,但接收端仍可接收下来,先存放在一个缓存区中,同时,通过向发送端发送 NACK 否认帧,要求发送端重发出错的那一帧,一旦收到重新发来的正确帧后,就可以与原来已存于缓存区中的其余帧一起按正确的顺序递交给网络层,如图 4 - 7 所示。

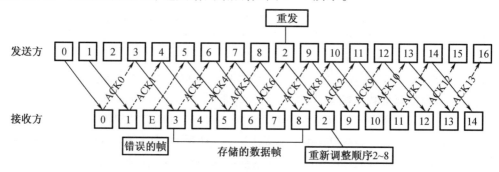

图 4 - 7　选择重发策略差错控制原理示意图

选择重发策略规定,当发送端收到包含出错帧序号的 NACK 帧时,据此序号从重发表中选择出相应帧的备份,直接插入到发送帧队列的前面予以重发,因为重发表的帧重发是按 FIFO 的机制进行排列的,插在前面是为了最先重发,避免了对后续正确数据帧的多余重发,使得传输效率明显提高。

结合图 4 - 7 的示意图,分析一下选择重发策略中的数据处理流程。

①数据帧出现差错情形下的数据处理

当数据帧有差错(包括接收端检测到所接收的数据帧有差错,或者有数据帧丢失)时。

a. 发送端连续发送多个数据帧,接收端对每个已正确接收的数据帧返回一个 ACK 帧,假如第 N + 1 个帧出现差错或丢失,如果检测到第 N + 1 个帧有错误,则向发送端返回一个否认 NACK(N + 1)帧,如果一直到收到第 N + 2 个数据帧时还没收到第 N + 1 帧,则表明该帧已丢失,接收端不产生任何动作,对于已正确接收的数据帧,如第 N 帧、N + 2 帧……,仍会向发送端返回确认 ACK 帧。

b. 当发送端收到来自接收端的否认 NACK(N + 1)帧或收到第 N + 2 帧的 ACK 帧时,会检测出其失序,因为按顺序,在收到 ACK(N + 2)帧之前应该是收到 ACK(N + 1)帧,得知第

N+1 帧没有被确认,将第 N+2 帧从重发表中清除,并在继续发送后继数据帧之前重发第 N+1 帧(FIFO 机制)。可以看出,选择重发策略下只需发送有错的帧,而不会向回退 N 帧策略那样发送从有错帧开始后面所有的帧,显然减少了信道资源浪费,提高了传输效率,但要求发送端和接收端都有足够大缓存区空间,以便存储多个帧的重发表(发送端的备份)和预提交数据帧(接收端准备递交给网络层的数据帧)。但这也表明速度和空间的矛盾性。

②响应帧出现差错情形下的数据处理

在响应帧(包括确认 ACK 帧和否认 NACK 帧)出现差错时,也就是本应接收的是第 N 帧的响应帧却接收到了第 N+1 帧的响应帧,有以下 3 种情形。

a. 当发送端已接收到了第 N−1 帧的 ACK 帧,接下来应该收到的是第 N 帧的 ACK 帧,而偏偏收到的是第 N+1 帧的 ACK 帧。

b. 发送端在收到 ACK(N+1)帧后,检测出在重发表中第 N 帧都还没收到 ACK 帧,因此认为第 N 帧出现了差错(事实上并不是这样的,接收端已经收到,只是发送端没有收到返回的 ACK 帧),重发第 N 帧。

c. 接收端在收到发送端重发的第 N 帧,搜索接收表并确定第 N 帧已被正确接收,因此认定这个重发的第 N 帧是重复的,于是删除这个重发的第 N 帧,并返回一个 ACK(N)给发送端,以使发送端从重发表中删除第 N 帧,这样就达到了响应帧出现差错时的错误纠正。

4.3　基本数据链路协议

4.3.1　停等协议

停止等待协议是最简单也是最基础的数据链路层协议。很多有关协议的基本概念都可以从这个协议中学习到。

停止等待就是每发送完一个分组就停止发送,等待对方的确认。在收到确认后再发送下一个分组。

1. 基本过程

停止等待协议在通信系统中两个相连的设备相互发送信息时使用,以确保信息不因丢包或包乱序而丢失,是最简单的自动重传请求方法。

只有收到序号正确的确认帧 ACK(N) 后,才更新发送状态变量 V(S)一次,并发送新的数据帧。

接收端接收到数据帧时,就要将发送序号 N(S)与本地的接收状态变量 V(R)相比较。若二者相等就表明是新的数据帧,就收下,并发送确认。否则为重复帧,就必须丢弃。但这时仍须向发送端发送确认帧 ACK(N),而接收状态变量 V(R)和确认序号 N 都不变。

连续出现相同发送序号的数据帧,表明发送端进行了超时重传。连续出现相同序号的确认帧,表明接收端收到了重复帧。

发送端在发送完数据帧时,必须在其发送缓存中暂时保留这个数据帧的副本。这样才能在出差错时进行重传。只有确认对方已经收到这个数据帧时,才可以清除这个副本。

实用的 CRC 检验器都是通过硬件完成的。CRC 检验器能够自动丢弃检测到的出错帧。因此所谓的"丢弃出错帧",对上层软件或用户来说都是感觉不到的。

发送端对出错的数据帧进行重传是自动进行的,因而这种差错控制体制常简称为 ARQ (Automatic Repeat Request),直译是自动重传请求,但意思是自动请求重传。

2. 定量分析

设 t_f 是一个数据帧的发送时间,且数据帧的长度是固定不变的。显然,数据帧的发送时间 t_f 是数据帧的长度 $l_f(\text{bit})$ 与数据的发送速率 $C(\text{b/s})$ 之比,即

$$t_f = l_f/C \tag{4-1}$$

发送时间 t_f 也就是数据帧的发送时延。

数据帧沿链路传到节点 B 还要经历一个传播时延 t_p。

节点 B 收到数据帧要花费时间进行处理,此时间称为处理时间 t_{pr},发送确认帧 ACK 的发送时间为 t_a。

4.3.2 顺序接收管道协议

连续重发请求方案是指顺序接收管道协议为了提高信道的有效利用率,就要允许发送方可以连续发送一系列的信息帧,即不用等前一帧被确认便可发送下一帧。发送过程就像一条连续的流水线,故称为管道(pipe lining)技术。凡是被发送出去尚未被确认的帧都可能出错或丢失而要求重发,因而都要保留下来。这就需要在发送方设置一个较大的缓冲存储空间,称作重发表,用于存放若干待确认的信息帧。当发送方收到对某信息帧的确认帧后,便可从重发表中将该信息帧删除。所以,连续方案的链路传输效率大大提高,但相应地需要更大的缓冲存储空间。由于允许连续发出多个未被确认的帧,帧号就不能仅采用一位(只有 0 和 1 两种帧号),而要采用多位帧号才能区分。如图 4-8 所示,该协议的实现过程如下。

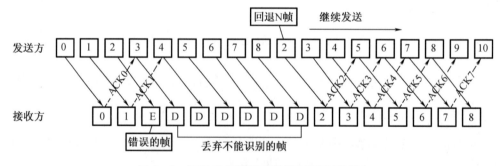

图 4-8 回退 N 帧策略差错控制原理示意图

接收窗口尺寸为 1 的滑动窗口协议,也称回退 N 帧协议。设发送窗口尺寸 $W_t = n$,接收窗口尺寸 $W_r = 1$。

(1)发送方可连续发送 n 帧而无须对方应答,但需要将已发出但尚未收到确认的帧保存在发送窗口中,以备由于出错或丢失而重发。

(2)接收方将正确的且帧序号落入当前接收窗口的帧存入接收窗口,同时按序将接收窗口的帧送交给主机(网络层)。出错或帧序号未落入当前窗口的帧全部予以丢弃。

(3)当某帧丢失或出错时,则其后到达的帧均丢弃,并返回否认信息,请求对方从出错帧开始重发。

(4)发送方设置一个超时计时器,当连续发送 n 帧后,立即启动超时计时器。当超时计时器满且未收到应答,则重发这 n 帧。

4.3.3　选择重传协议

顺序管道协议优点是仅需要一个接收缓存区,缺点是当信道误码率较高时,会产生大量重发帧,造成资源浪费。这时我们提出一种更好的方法——选择重传协议。选择重传协议是在前者的基础上提出的。

若某一帧出错,后面正确到达的帧虽然不能立即送往网络层,但接收方可以将其保存在接收窗口,仅要求发送方重传那个发错的帧,如图 4－9 所示。

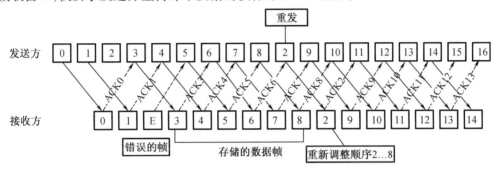

图 4－9　选择重发策略差错控制原理示意图

选择重传协议也可以看成一种滑动窗口协议,只不过其发送窗口和接收窗口都大于 1。

若从滑动窗口的观点来看待停等、回退 N 帧和选择重传协议,它们的差别仅在于各自的窗口尺寸大小不同而已,不同在于:

停等:发送窗口 =1,接收窗口 =1。

回退 N 帧:发送窗口 >1,接收窗口 =1。

选择重传:发送窗口 >1,接收窗口 >1。

4.4　链路控制规程

数据链路控制协议也称链路控制规程,也就是 OSI 参考模型中的数据链路层协议。链路控制协议可分为异步协议和同步协议两大类。

异步协议以字符为独立的信息传输单位,在每个字符的起始处开始令字符内的比特实现同步,但字符与字符之间的间隔时间是不固定的(字符之间是异步的)。由于发送器和接收器近似于同一频率的两个约定时钟,能够在一段较短的时间内保持同步,所以可以用字符起始处同步的时钟来采样该字符中的各比特,而不需要每个比特再用其他方法同步。前面介绍过的"起－止"式通信规程便是异步协议的典型,它是靠起始位(逻辑 0)和停止位(逻辑 1)来实现字符的定界及字符内比特的同步的。由于异步协议中每个传输字符都要添加如起始位、校验位、停止位等冗余位,故信道利用率很低,一般用于数据速率较低的场合。

同步协议是以许多字符或许多比特组织成的数据块,以帧为传输单位,在帧的起始处同步,使帧内维持固定的时钟。由于采用帧为传输单位,所以同步协议能更有效地利用信道,也便于实现差错控制、流量控制等功能。

同步协议又可以分为面向字符的同步协议、面向比特的同步协议,以及面向字节计数的同步协议三种类型。

4.4.1　二进制同步通信规程

二进制同步通信规程(Binary Synchronous Communication,BSC)是 IBM 研制的一种典型的面向字符的 DLCP。1968 年开始用于 IBM 计算系统中,主要目的将远程批处理终端和视频显示终端连接到 IBM 主机上实现集中控制。

BSC 是一种半双工通信规程,通信可以在两个方向上交替进行。BSC 是第一个支持多点共享线路和点到点结构的通用数据链路控制规程。

1. 数据站

在数据链路中引用了站的概念,站是数据链路两端用来完成数据传输的终端装置,可以是 DTE/DCE。数据站的作用是负责发送和接收帧。BSC 涉及以下几个站的概念。

(1)主站和从站:通常把保证数据传送的那个站叫作主站;由主站选择用以接收数据的站叫作从站。在一次通信连接中,一个站可以交替作为主站或从站,但在某段时间里一条数据链路上只有一个主站。

(2)控制站:用于管理的站,做诸如探询、选择和异常处理的工作。

(3)辅助站(被控站):除控制站以外的其他站都是辅助站。

2. 控制字符

BSC 是一种字符控制规程,对代码很敏感,使用 ASCII 或 EBCDIC 等编码字符进行链路控制,控制字符有以下几个作用。

(1)采用特殊字符分隔各种信息段。

(2)通过 BSC 信道传送的每个字符都要在接收端译码,以判别它是一个控制/用户数据。

(3)任何数据链路层规程均可由链路建立、数据传输和链路拆除三个部分组成。

(4)为了实现链路建立、拆除等链路管理及同步等功能,除了正常传输的数据报之外,BSC 还需要一些控制字符。

BSC 使用的控制字符如表 4 - 1 所示,CCITT 建议用 ASCII/IA5 表示。

表 4 - 1　BSC 使用的控制字符

名称	英文缩写	英文全称
标题开始	SOH	start of heading
正文开始	STX	start of text
正文结束	ETX	end of text
传输结束	EOT	end of transmission
询问	ENQ	enquiry
确认	ACK	acknowledge
否定应答	NAK	negative acknowledge
数据链转义	DLE	data link escape
同步	SYN	synchronous idle
块终或者组终	ETB	end of transmission block

BSC 使用的控制字符意义如下。

（1）SOH：用于表示报文的标题信息或报头的开始。

（2）STX：标志标题信息的结束和报文文本的开始。

（3）ETX：标志报文文本的结束。

（4）EOT：送毕，用以表示一个或多个文本块的结束。

（5）ENQ：用以请求远程站给出的响应，响应可能包括站的身份或状态。

（6）ACK：由接收方发出的作为对正确接收到报文的响应。

（7）NAK：由接收方发出的作为对未正确接收的报文的响应。

（8）DLE：用于修改紧跟其后的有限个字符的意义。在 BSC 中实现透明方式的数据传输，或者当 10 个传输控制字符不够用时提供新的转义传输控制字符。

（9）SYN：在同步协议中，用以实现节点之间的字符同步，或用于在无数据传输时保持该同步。

（10）ETB：块终或组终，用以表示当报文分成多个数据块时，一个数据块的结束。

3. 帧格式

BSC 规程中线路上传输的信息分为数据帧和控制帧。

（1）数据帧

数据帧：报文信息，利用上述编码字符进行数据传送时新规定的排列格式，如图 4 - 10 为数据帧基本格式，有以下四种类型。

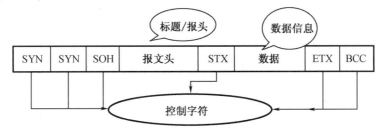

图 4 - 10　数据帧基本格式

①信息报文的基本格式

a. 信息报文由标题（报头）和正文组成。

b. 正文：包含要传输的有用数据信息。

c. 标题/报头：与报文的正文段的传送和处理有关的一些辅助信息的字符序列，如发信地址、收信地址、信息报文名称、报文级别、编号、传送路径等。

数据帧的说明如下。

a. 报文头在 SOH 字符之后和 STX 之前。

b. 文本开始符 STX 有两个作用，一个是表示报文头结束，另一个是表示数据报文开始。

c. 数据和文本可以由不同数目的字符组成。文本结束符指明了文本和下一个控制符之间的转换。

d. 最后是错误检测字符（BCC），一个 BCC 域是一个字节长度的纵向冗余校验码（LRC）或是两个字节的循环冗余校验码（CRC）。

②多块帧

多块帧是把信息报文分成几块，除最后一块外都由一个 STX 开始并由一个 ETB 结束，最后一块以 ETX 结束,如图 4 - 11 所示。

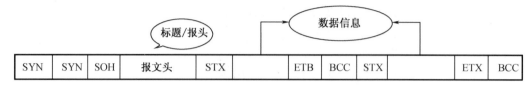

图 4 - 11 多块帧基本格式

③多帧传输

信息报文太长,发送方用多个数据帧来传送,即用几个帧来传输一个信息,除最后一帧外其他帧中文本结束 ETX 被块传输结束符 ETB 所代替,如下图 4 - 12 所示。

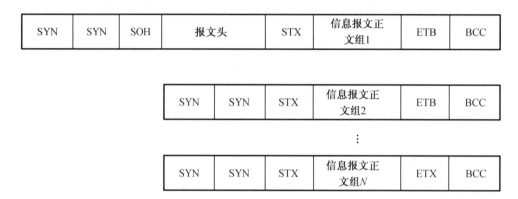

图 4 - 12 多帧传输示意图

④多报文头帧

报文头太长则仿照多帧传输将报文头分为 m 组,如图 4 - 13 所示。

图 4 - 13 多报文头帧基本格式

(2)控制帧

一个控制帧是一个设备用来向另一个设备传送命令或索取信息的消息,控制帧又分为正向控制帧和反向控制帧两种。

正向控制帧:由主站发送到从站的控制序列,主要用于通信双方间的呼叫应答,以确保信息报文的正常可靠传输。

反向控制帧:由从站发送到主站的控制序列,主要用于对询问的应答或者数据链路的控制。

一个控制帧包含控制字符但没有数据,它携带特定的数据链路层自身功能的信息,其基本格式如图4-14所示。

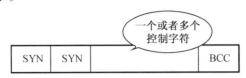

图4-14 控制帧基本格式

控制帧主要用来完成三种服务:

①建立连接;

②在数据传输过程中维护流量和差错控制;

③终止连接。

BSC控制序列的双重含义取决于数据从主站/从站发出和线路处于控制方式/报文方式,如表4-2所示。

表4-2 BSC控制序列的双重含义

报文序列	发送站	线路方式	
		控制方式	报文方式
SYN SYN ENQ	主站	准备好接收了吗	重复上一次响应
SYN SYN ACK0	从站	已准备好接收	已收到双号数据块
SYN SYN ACK1	从站	(不需要)	已收到单号数据块
SYN SYN NAK	从站	未准备好接收	重复上一次的发送
SYN SYN EOT	主站	将线路置为控制方式	结束正文方式
SYN SYN EOT	从站	对轮询帧的否定确认(多对上个报文的NAK,并且回到控制方式点共享)	

由于BSC协议与特定的字符编码集关系过于密切,故兼容性较差。为满足数据透明性而采用的字符填充法,实现起来也比较麻烦,且也依赖于所采用的字符编码集。另外,由于BSC是一个半双工的协议,它的链路传输效率很低。不过,由于BSC协议需要的缓冲存储空间较小,因而在面向终端的网络系统中仍然被广泛使用。

4.4.2 高级数据链路控制协议

高级数据链路控制协议(High-Level Data Link Control,HDLC)的目的是提供一种通信准则,满足计算机终端之间数据通信以及计算机通信子网节点间的数据通信。

其适用范围为计算机—计算机;计算机—终端;终端—终端。

其三种类型的通信站如下。

主站:主要功能是发送命令,接收响应,负责整个链路的控制(如系统的初始、流控、差错恢复等)。

次站:主要功能是接收命令,发送响应,配合主站完成链路的控制。

符合站:同时具有主、次站的功能,既发送又接收命令和响应,并负责整个链路的控制。

1. HDLC 的链路构型

(1)非平衡配置(主从配置)

主站控制整个链路工作,主站发出的帧叫作命令,从站发出的帧叫作响应,适合把智能和半智能的终端连接到计算机网络,如图4-15所示。

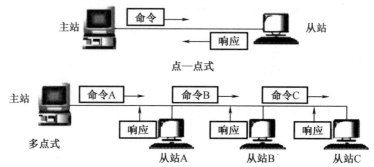

图4-15 点一点式及多点式

(2)平衡配置

复合站具有主站和从站的功能。地位平等,适合计算机和计算机之间的连接。但不支持多点平衡配置。

2. HDLC 的基本操作模式

(1)正常响应模式 NRM

适合于非平衡构型,只有当从站得到主站的许可(主站向从站发出探询)后,从站才能发起一次一帧或者多帧数据的传输响应。

(2)异步响应模式 ARM

适合于点一点式非平衡构型,如图4-16所示。从站不必等待主站的许可,就可发起一次传输。但主站和从站的地位不变。

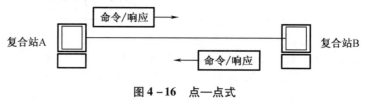

图4-16 点一点式

(3)异步平衡模式 ABM

适合于符合站的平衡构型,双方具有同等能力,任何一个复合站可随时传输帧。

3. HDLC 帧的类型

(1)信息帧(I帧)

帧标志	地址	控制	数据	帧校验	帧标志

图4-17 信息帧

（2）监控帧（S帧）

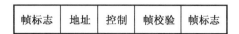

图4－18　监控帧

（3）无序号帧（U帧）

图4－19　无序号帧

4. HDLC 的帧结构

HDLC 的帧结构如图4－20所示。

图4－20　HDLC 的帧结构

（1）帧标志（flag）

定界符为 01111110＝7E H（零比特填充法）。

（2）地址域（address）

①使用不平衡方式传递数据时（采用 NRM 和 ARM），地址字段总是写入从站的地址。

②使用平衡方式时（采用 ABM），地址字段总是写入应答站的地址。

③有效地址为 254 个（通常为 8 位，可扩展到 16 位）。

④全1的8位地址表示广播（所有次站接收）。

⑤全0的8位地址是无效地址。

（3）数据域

任意比特串或者字符串都有上限。

（4）校验和（checksum）

循环冗余校验 CRC，生成多项式，为透明传输插入的"0"不在校验范围内。校验和示意图，如图4－21所示。

$$\text{CRC-CCITT}\quad G(x)=x^{16}+x^{12}+x^{15}+1$$

$$\textbf{或}G(x)=x^{32}+x^{26}+x^{23}+x^{22}+x^{16}+x^{12}+x^{11}+x^{11}+x^{8}+x^{7}+x^{5}+x^{4}+x^{2}+x+1$$

图4－21　校验和示意图

5. HDLC 帧的控制域

（1）控制域

标识帧的类型和功能,使对方站执行特定的操作,是 HDLC 的关键字段,许多重要功能由此字段实现。HDLC 帧的控制域如图 4 – 22 所示。

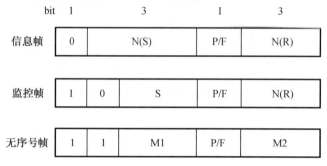

图 4 – 22　HDLC 帧的控制域

①N（S）——发送序号

表示当前发送的信息帧的序号,使用滑动窗口技术,为 3 bit 序号。

②N（R）——接收序号（确认序号）

表示本站期望收到的帧的发送序号,而不是最后一个已收到的帧序号。

③P/F——轮询/终止

具有捎带确认功能。

（2）HDLC 帧的控制域——监控帧（48 bit）

监控帧 S 的段功能如表 4 – 3 所示。

表 4 – 3　监控帧 S 字段功能

S	帧名	功能
00	RR（接收准备就绪）	准备接收下一帧 确认序号为 N（R）– 1 及其以前的各帧
10	RNR（接收准备未就绪）	暂停接收下一帧 确认序号为 N（R）– 1 及其以前的各帧
01	REJ（拒绝）	否认从 N（R）起以后的所有帧
11	SREJ（选择拒绝）	只否认 N（R）帧

RR 和 RNR 具有流量控制作用;REJ 用于回退 N 帧 ARQ 协议;SREJ 用于选择重发协议。

（3）HDLC 帧的控制域——无序号帧

不同无序号帧的功能如表 4 – 4 所示。

表 4 - 4　不同无序号帧的功能

M1	M2	帧名	功能
00	001	SNRM(命令)	设置正常响应模式
11	000	SARM(命令)	设置异步响应模式
11	100	SABM(命令)	设置异步平衡模式
00	010	DISC(命令)	断开连接
00	110	UA(响应)	对 U 帧命令确认
…	…	…	…

4.5　因特网的数据链路层协议

在因特网上有两个被广泛使用的链路层协议,它们是串行线路 IP(Serial Line IP,SLIP)和点到点协议(Point-to-Point Protocol, PPP)。

4.5.1　SLIP 协议

SLIP 提供在串行通信线路上封装 IP 分组的简单方法,使远程用户通过电话线和 MODEM 能够方便地接入 TCP/IP 网络。

SLIP 是一种简单的组帧方式,使用时还存在一些问题。首先,SLIP 不支持在连接过程中的动态 IP 地址分配,通信双方必须事先告知对方 IP 地址,这给没有固定 IP 地址的个人用户上网带来了很大的不便;其次,SLIP 帧中无协议类型字段,因此它只能够支持 IP 协议;再次,SLIP 帧中无校验字段,因此在链路层上无法检测出传输差错,必须由上层实体或者具有纠错能力的 MODEM 来解决传输差错问题。

4.5.2　PPP 协议

1. PPP 协议定义

PPP 是一种数据链路层协议,遵循 HDLC 族的一般报文格式。PPP 是为在点对点物理链路(例如 RS 232 串口链路、电话 ISDN 线路等)上传输 OSI 模型中的网络层报文而设计的,它改进了之前的点对点协议、SLIP 协议、只能同时运行一个网络协议、无容错控制、无授权等许多缺陷,PPP 是现在最流行的点对点链路控制协议。RFC 1661 定义了该协议,PPP 具有处理错误检测、支持多个协议、允许在连接时刻协商 IP 地址、允许身份认证等功能,还有其他特性。PPP 提供了以下三类功能。

(1)成帧:它可以毫无歧义地分割出一帧的起始和结束。

(2)链路控制:有一个称为 LCP 的链路控制协议,支持同步和异步线路,也支持面向字节和面向位的编码方式,可用于启动路线、测试线路、协商参数,以及关闭线路。

(3)网络控制:具有协商网络层选项的方法,并且协商方法与使用的网络层协议相互独立。

2. PPP 协议内容

PPP 协议主要包括三部分：链路控制协议（Link Control Protocol, LCP）、网络控制协议（Network Control Protocol, NCP）和 PPP 的扩展协议（例如 multilink protocol）。PPP 协议默认不进行认证配置参数选项的协商，它只作为一个可选的参数，当点对点线路的两端需要进行认证时才需配置。

LCP 是 PPP 协议的一个子集。为了能适应复杂多变的网络环境，PPP 协议提供了一种链路控制协议来配置和测试数据通信链路。它能用来协商 PPP 协议的一些配置参数选项；处理不同大小的数据帧；检测链路环路、一些链路的错误；终止一条链路。

NCP 网络控制协议根据不同的网络层协议可提供一族网络控制协议，常用的有提供给 TCP/IP 网络使用的 IPCP 网络控制协议和提供给 SPX/IPX 网络使用的 IPXCP 网络控制协议等，但最为常用的是 IPCP 协议。当点对点的两端进行 NCP 参数配置协商时，主要功能是用来获得通信双方的网络层地址。

3. PPP 协议帧格式

PPP 帧的首部和尾部分别有四个字段和两个字段，如图 4 - 23 所示。

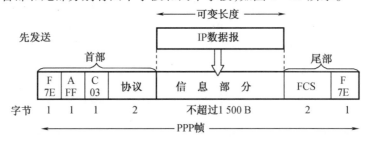

图 4 - 23　PPP 帧的格式

首部中的标志字段 F（Flag），规定为 0x7E（符号 0x 表示它后面的字符是用十六进制表示的。十六进制的 7E 的二进制表示是 01111110），标志字段表示一个帧的开始；首部中的地址字段 A 规定为 0xFF（11111111）；首部中的控制字段 C 规定为 0x03（即 00000011）；首部中的 2 B 的协议字段，有以下 3 种情况。

（1）当协议字段为 0x0021 时，PPP 帧的信息字段就是 IP 数据报。

（2）当协议字段为 0xC021 时，PPP 帧的信息字段就是 PPP 链路控制协议 LCP 的数据。

（3）当协议字段为 0x8021 时，PPP 帧的信息字段就是网络层的控制数据。

尾部中的第一个字段（2 B）是使用 CRC 的帧检验序列 FCS；尾部中的标志字段 F（Flag），规定为 0x7E，标志字段表示一个帧的结束。

信息字段的长度是可变的，不超过 1 500 B。

4. PPP 协议工作流程

一个用户拨号接入 ISP 后，就建立了一条从用户 PC 机到 ISP 的物理连接，这时用户 PC 机向 ISP 发送一系列的 LCP 分组（封装成多个 PPP 帧），以便建立 LCP 连接。这些分组及其响应选择了将要使用的一些 PPP 参数。接着还要进行网络层配置，NCP 给新接入的用户 PC 机分配一个临时的 IP 地址。这样，用户 PC 机就成为因特网上的一个有 IP 地址的主机了。当用户通信完毕时，NCP 释放网络层连接，收回原来分配出去的 IP 地址。接着，LCP 释放数据链路层连接，最后释放的是物理层的连接。

习　题

一、填空题

1.数据链路层的基本问题为＿＿＿＿＿＿、＿＿＿＿＿＿、＿＿＿＿＿＿。

二、选择题

1. 快速以太网的帧结构与传统以太网（10BASET）的帧结构（　　　）。

A.完全相同　　　　　B.完全不同　　　　　C.仅头部相同　　　　D.仅校验方式相同

2.数据在传输过程中出现差错的主要原因是（　　　）。

A.突发错　　　　　　B.计算错　　　　　　C.CRC 错　　　　　　D.随机错

3.控制相邻两个节点间链路上的流量在（　　　）完成。

A.数据链路层　　　　B.物理层　　　　　　C.网络层　　　　　　D.运输层

4.以下对 PPP 协议的说法中错误的是（　　　）。

A.具有差错控制能力　　　　　　　　　B.仅支持 IP 协议

C.支持动态分配 IP 地址　　　　　　　 D.支持身份验证

5.PPP 协议由（　　　）三个部分组成。

A.电子邮件协议 SMTP　　　　　　　　B.链路层封装格式规范

C.链路控制协议 LCP　　　　　　　　　D.网络控制协议 NCP

6.无论是 SLIP 还是 PPP 协议都是（　　　）协议。

A.物理层　　　　　　B.数据链路层　　　　C.网络层　　　　　　D.运输层

三、简答题

1.请列出数据链路层的主要功能？

2.数据链路层的三个基本问题,封装成帧、透明传输和差错检测为什么都必须加以解决?

3.请简述停等协议的过程。

4.请简述回退 N 帧协议内容。

5.从滑动窗口的观点来看停等、回退 N 帧和选择重传协议,三者的区别是什么?

6.什么叫主站？什么叫从站？

7.BSC 二进制同步通信规程的控制字符有哪些？各自的功能是什么？

8.简述 HDLC 监控帧的四种类型。

第5章 网 络 层

网络层是 OSI 参考模型中的第三层,介于传输层和数据链路层之间,它在数据链路层提供的两个相邻端点之间的数据帧的传送功能基础上,同时也是处理端到端传输的最低层,网络层数据传输模型如图 5 - 1 所示。网络层进一步管理网络中的数据通信,将数据设法从源端经过若干个中间节点传送到目的端,从而向传输层提供最基本的端到端的数据传送服务。其主要内容有虚电路分组交换和数据报分组交换、路由选择算法、阻塞控制方法、X.25 协议、综合业务数据网(ISDN)、异步传输模式(ATM),及网际互联原理与实现。

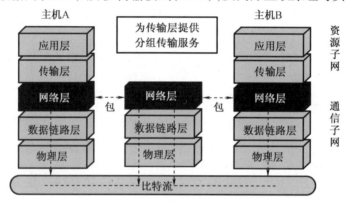

图 5 - 1 网络层数据传输模型

5.1 通信子网的操作方式和网络层提供的服务

端点之间的通信是依靠通信子网中的节点间通信来实现的,在 OSI 模型中,网络层是网络节点的最高层,所以网络层将体现通信子网向端系统所提供的网络服务。在分组交换中,通信子网向端系统提供虚电路和数据报两种网络服务,而通信子网内部的操作方式也有虚电路和数据报两种。

5.1.1 虚电路操作方式

1. 虚电路

虚电路是分组交换中两种传输方式中的一种。在通信和网络中,虚电路是由分组交换通信所提供的面向连接的通信服务。在两个节点或应用进程之间建立起一个逻辑上的连接或虚电路后,就可以在两个节点之间依次发送每一个分组,接收端收到分组的顺序必然与发送端的发送顺序一致,因此,接收端无须负责在收集分组后重新进行排序。虚电路协议向高层协议隐藏了将数据分割成段、包或帧的过程。

2. 虚电路的特点

（1）虚电路的路由选择仅仅发生在虚电路建立的时候，在以后的传送过程中，路由不再改变，这可以减少节点不必要的通信处理。

（2）由于所有分组遵循同一路由，这些分组将以原有的顺序到达目的地，终端不需要进行重新排序，因此分组的传输时延较小。

（3）一旦建立了虚电路，每个分组头中不再需要有详细的目的地址，而只需有逻辑信道号就可以区分每个呼叫的信息，这可以减少每一分组的额外开销。

（4）虚电路是由多段逻辑信道构成的，每一个虚电路在它经过的每段物理链路上都有一个逻辑信道号，这些逻辑信道级连构成了端到端的虚电路。

（5）虚电路的缺点是当网络中线路或者设备发生故障时，可能导致虚电路中断，必须重新建立连接。

（6）虚电路适用于一次建立后长时间传送数据的场合，其持续时间应大于呼叫建立时间，如文件传送、传真业务等。

3. 虚电路的分类

交换虚电路（Switching Virtual Circuit，SVC）和永久虚电路（Permanent Virtual Circuit，PVC）。

交换型虚电路是端点和站点之间的一种临时性连接。这些连接只持续所需的时间，并且当会话结束时就取消这种连接。虚电路必须在数据传送之前建立。一些电信局提供的分组交换服务允许用户根据自己的需要动态定义 SVC。

永久性虚电路是一种提前定义好的，基本上不需要任何建立时间的端点与站点间的连接。在公共－长途电信服务中，例如，在异步传输模式（ATM）或帧中继中，顾客提前和这些电信局签订关于 PVC 的端点合同，并且如果这些顾客需要重新配置这些 PVC 的端点时，他们就必须和电信局联系。

5.1.2　数据报操作方式

1. 数据报的定义

面向无连接的数据传输，工作过程类似于报文交换。采用数据报方式传输时，被传输的分组称为数据报。

数据报的前部增加地址信息的字段，网络中的各个中间节点根据地址信息和一定的路由规则，选择输出端口并暂存和排队数据报，在传输媒体空闲时，发往媒体乃至最终站点。

当一对站点之间需要传输多个数据报时，由于每个数据报均被独立地传输和选择路由，因此在网络中可能会走不同的路径，具有不同的时间延迟，按序发送的多个数据报可能以不同的顺序达到终点。因此为了支持数据报的传输，站点必须具有存储和重新排序的能力。

2. 数据报的特点

数据报工作方式的特点：

（1）同一报文的不同分组可以由不同的传输路径通过通信子网；

（2）同一报文的不同分组到达目的节点时可能出现乱序、重复与丢失现象；

（3）每一个分组在传输过程中都必须带有目的地址与源地址；

（4）数据报方式报文传输延迟较大,适用于突发性通信,不适用于长报文、会话式通信。

5.1.3　虚电路服务

虚电路服务是网络层向传输层提供的一种使所有分组按顺序到达目的端系统的可靠的数据传送方式。进行数据交换的两个端系统之间存在着一条为它们服务的虚电路。为了建立端系统之间的虚电路,源端系统的传输层首先向网络层发出连接请求,网络层则通过虚电路网络访问协议向传输层发出连接指示,最后,接收方传输层向发起方发回连接响应从而使虚电路建立起来。以后,两个端系统之间可传送数据,数据由网络层拆成若干组送给通信子网将分组传送到数据接收方。

上述虚电路的服务是网络层向传输层提供的服务,也是通信子网向端系统提供的网络业务。但是,提供这种虚电路服务通信子网内部的实际操作,既可以是虚电路方式的,也可以是数据报方式的。

以虚电路方式操作的网络,一般总是提供虚电路服务,OSI 模型中面向连接的网络服务就是虚电路服务。在虚电路操作方式中,端系统的网络层通信子网节点的操作是一致的,SNA、TRANSPAC 等多数公共网络都采用这种虚电路操作支持虚电路服务的方式。

以数据报方式操作的网络,也可以提供虚电路服务,即通信子网内部节点按数据报方式交换数据,而与端系统相连的网络节点则向端系统提供虚电路服务。对于端系统来说,它的网络层与网络节点间的通信仍像虚电路操作方式的网络节点间的情形一样,先建立虚电路,再交换数据分组,最后拆电路。

但实际上,每个分组被网络节点分成若干个数据报,附加上地址、序号、虚电路号等信息,分送到目的节点。目的节点再将数据报进行排序,拼成原来的分组,送给目的端系统。因此,源端系统和源网络节点之间、目的节点和目的网络层之间按虚电路操作方式交换分组,而目的节点和源节点之间则按数据报方式完成分组的交换。尽管通信子网的数据报交换不是很可靠,但是两端的网络节点做了许多诸如排序、重发等额外工作,从而满足了虚电路服务的要求。例如,在 ARPANET 中,内部使用数据报交换方式,但可以向端系统提供数据报和虚电路两种服务。

5.1.4　数据报服务

数据报服务一般仅由数据报交换网来提供。端系统的网络层同网络节点中的网络之间,一致地按照数据报操作方式交换数据。当系统要发送数据时,网络层给该数据附加上地址、序号等信息,作为数据报发送给网络节点;目的端系统收到的数据报可能是不按序到达的,也可能有数据报的丢失。例如,在 ARPANET、DNA 等网络中,就提供了数据报服务。数据报服务与 OSI 模型的无连接网络服务类似。由虚电路交换网提供数据报服务的组合方式并不常见。可以想象有这么一种特殊情况,一个端系统的网络层已经构造好了用于处理数据报的服务,而当它要接入以虚电路方式操作的网络时,网络节点就需要做一些转换工作。当端系统向网络节点发送一个携带有完整地址信息的数据报时,若发向同一地址的数据报数量足够大,则网络节点可以为这些数据报同目的节点间建立一条虚电路,所有相同地址的数据报要发送时,这条虚电路便可拆除。所以,这种数据报服务具有虚电路服务的通信质量,但是既不经济,效率又低。

5.1.5 虚电路子网与数据报子网的比较

表 5-1 归纳了虚电路服务和数据报服务的主要区别。

表 5-1 虚电路服务和数据报服务的主要区别

对比方面	虚电路服务	数据报服务
思路	可靠的通信应当由网络来保障	可靠的通信应当由用户主机来保障
连接的建立	必须有	不需要
终点地址	仅在连接建立阶段使用,每个分组使用短的虚电路号	每个分组都有终点的完整地址
分组的转发	属于同一条虚电路的分组按照同一路由进行转发	每个分组独立选择路由进行转发
当节点出故障时	所有通过故障的节点的虚电路均不能工作	出故障的节点可能会丢失分组,一些路由可能会发生变化
分组的顺序	总是按发送顺序到达终点	到达终点的时间不一定按发送顺序的先后
端到端的差错处理和流量控制	可以由网络负责,也可以由用户负责	由用户负责

从保证服务质量,在子网内部避免拥塞的角度来说,虚电路有一些优势,因为当建立连接的时候,虚电路子网可以提前预留资源(例如,缓存区空间、带宽和 CPU 周期)。当分组陆续到来之后,所需要的带宽、路由器和 CPU 资源都已经准备就绪了。而对于数据报子网,要想避免拥塞是非常困难的。

对于事务处理系统,用于建立和消除虚电路所需的开销有可能会妨碍虚电路的使用。如果系统中大量的流量都是这种类型的,那么在子网内部使用虚电路就毫无意义了。永久虚电路,即手工建立起来并且会持续几个月或者几年的虚电路,有可能在这里会很有意义。

虚电路也有脆弱性。如果一台路由器崩溃了,或者内存中的数据丢失了,那么,即使它一秒之后又重新启动了,所有从它这里经过的虚电路都将不得不中断。相反,若一台数据报路由器停止了,则只有当时还有分组尚留在路由器队列中的用户会受到影响,甚至这些用户也不会全部受到影响,这取决于这些分组是否都已经被确认了。一条通信线路的失败对于使用了该线路的虚电路来说是致命的,但如果使用了数据报,则这种失败很容易被补偿。对于数据报子网,路由器可以平衡通信流量,因为在传输一个很长的分组序列过程中,路由器可以在半途中改变传输路径。

5.2 路 由 选 择

通信子网络为网络源节点和目的节点之间提供了有多条传输路径的可能性。网络节点在收到一个分组后,要确定向下一节点传送的路径,这就是路由选择。在数据报方式中,网络节点要为每个分组路由做出选择,而在虚电路方式中,只需在连接建立时确定路由。

确定路由选择的策略称为路由算法。

设计路由算法时要考虑诸多技术要素。首先,路由算法所基于的性能指标一种是选择最短路由,一种是选择最优路由;其次,要考虑通信子网是采用虚电路还是数据报方式;其三,采用分布式路由算法(即每节点均为到达的分组选择下一步的路由)还是采用集中式路由算法(即由中央点或始发节点来决定整个路由路经);其四,要考虑关于网络拓扑、流量、延迟和网络信息的来源;最后,确定是采用动态路由选择策略还是采用静态路由选择策略。

5.2.1 静态路由选择策略

静态路由选择策略不用测量也无须利用网络信息,这种策略按某种固定规则进行路由选择,其中还可分为泛射路由选择、固定路由选择和随机路由选择三种算法。

1.泛射路由选择

这是一种最简单的路由算法。一个网络节点从某条线路收到一个分组后,向除该条线路外的所有线路重复发送收到的分组。结果,最先到达目的节点的一个或若干个分组肯定经过了最短的路径,而且所有可能的路径都尝试过。这种方法用于诸如军事网络等针对性强、要求很高的场合。即使有的网络节点遭到破坏,只要源节点和目的节点间有一条信道存在,则泛射路由选择仍能保证数据的可靠传送。另外,这种方法也可用于将一个分组数据源传送到所有其他节点的广播式数据交换中。它还可被用来进行网络的最短路径及最短传输延迟的测试。

2.固定路由选择

这是一种使用较多的简单算法。每个网络节点存储一张表格,表格中每一项记录着对应某个目的节点的下一节点或链路。当一个分组到达某节点时,该节点只要根据分组上的地址信息,便可从固定的路由表中查出对应的目的节点及所应选择的下一节点。一般网络中都有一个网络控制中心,由它按照最佳路由算法求出每对源节点和目的节点之间的最佳路由路径,然后为每一节点构造一个固定路由表并分发给各个节点。固定路由选择法的优点是简便易行,在负载稳定、拓扑结构变化不大的网络中的运行效果很好。它的缺点是灵活性差,无法应付网络中发生的阻塞和故障。

3.随机路由选择

在这种方法中,收到分组的节点在所有与之相邻的节点中为分组随机选择出一个节点。方法虽然简单,但实际路由不是最佳路由,这会增加不必要的负担,而且分组传输延迟也不可预测,故此法应用不广。

5.2.2 动态路由选择策略

节点的路由选择要依靠网络当前的状态信息来决定的策略,称为动态路由选择策略。这种策略能较好地适应网络流量和拓扑结构的变化,有利于改善网络的性能。但由于算法复杂,会增加网络的负担。独立路由选择、集中路由选择和分布路由选择是三种动态路由选择策略的具体算法。

1.独立路由选择

在这类路由算法中,节点不仅根据自己搜集到的有关信息做出路由选择的决定,并且与其他节点不交换路由选择信息。这种算法虽然不能正确确定距离本节点较远的路由选择,但还是能较好地适应网络流量和拓扑结构的变化。一种简单的独立路由选择算法是

Baran 在 1964 年提出的热土豆(hot potato)算法,当一个分组到来时,节点必须尽快脱手,将其放入输出队列最短的方向上排队,而不管该方向通向何方。

2. 集中路由选择

集中路由选择也像固定路由选择一样,在每个节点上存储一张路由表。不同的是,固定路由选择算法中的节点路由表由人工制作,而在集中路由选择算法中的节点路由表由路由控制中心(Routing Control Center,RCC)定时根据网络状态计算、生成并分送到各相应节点。由于 RCC 利用了整个网络的信息,所以得到的路由选择是完美的,同时也减轻了各节点计算路由选择的负担。

3. 分布路由选择

在采用分布路由选择算法的网络中,所有节点定期地与其每个相邻节点交换路由选择信息。每个节点均存储一张以网络中其他节点为索引的路由选择表,网络中每个节点占用表中一项。每一项又分为两个部分,一部分是所希望使用的到目的节点的输出线,另一部分是估计到目的节点所需要的延迟或距离。其度量标准可以是毫秒或链路段数、等待的分组数、剩余的线路和容量等。

5.3 拥 塞 控 制

5.3.1 拥塞

计算机网络中的带宽、交换节点中的缓存和处理机等都是网络的资源,在某段时间内,若对网络中某一资源的需求超过了该资源所能提供的可用部分,网络的性能就要变坏,这种情况就叫作拥塞。

5.3.2 拥塞控制

所谓拥塞控制,就是防止过多的数据注入网络中,从而网络中的路由器或链路不致过载。要注意拥塞控制与流量控制的区别,拥塞控制是一个全局性的过程,涉及所有的主机、路由器,以及以太网。

5.3.3 实现拥塞控制的方法

既然可能产生拥塞,我们能够采取何种方式预防拥塞控制? 针对网络层,TCP 协议常用的有四个算法:慢开始、拥塞避免、快重传、快恢复。

1. 慢开始算法

当主机开始发送数据时,如果立即把大量数据字节注入网络,那么就有可能引起网络拥塞,因为现在并不清楚网络的负荷情况。因此,较好的方法是先探测一下,即由小到大逐渐增大发送窗口,也就是说,由小到大逐渐增大拥塞窗口数值。通常在刚刚开始发送报文段时,先把拥塞窗口 cwnd 设置为一个最大报文段 MSS 的数值。而在每收到一个对新的报文段的确认后,把拥塞窗口增加至多一个 MSS 的数值。用这样的方法逐步增大发送方的拥塞窗口 cwnd,可以使分组注入网络的速率更加合理,如图 5-2 所示。

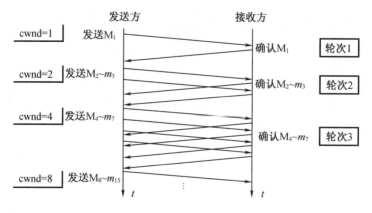

图 5 - 2 传输轮次示意图

每经过一个传输轮次,拥塞窗口 cwnd 就加倍。一个传输轮次所经历的时间其实就是往返时间 RTT。不过传输轮次更加强调把拥塞窗口 cwnd 所允许发送的报文段都连续发送出去,并收到了对方发送的最后一个字节的确认。

另外慢开始的"慢"并不是指 cwnd 的增长速率慢,而是指在 TCP 开始发送报文段时先设置 cwnd = 1,使得发送方在开始时只发送一个报文段,目的是试探一下网络的拥塞情况,然后再逐渐增大 cwnd。

为了防止拥塞窗口 cwnd 增长到过大而引起网络拥塞,还需要设置一个慢开始门限 ssthresh 状态变量,慢开始门限 ssthresh 的用法如下:

当 cwnd < ssthresh 时,使用上述的慢开始算法;

当 cwnd > ssthresh 时,停止使用慢开始算法而改用拥塞避免算法;

当 cwnd = ssthresh 时,既可使用慢开始算法,也可使用拥塞控制避免算法。

2. 拥塞避免算法

让拥塞窗口 cwnd 缓慢地增大,即每经过一个往返时间 RTT 就把发送方的拥塞窗口 cwnd 加 1,而不是加倍。这样拥塞窗口 cwnd 按线性规律缓慢增长,比慢开始算法的拥塞窗口增长速率小得多。

无论在慢开始阶段还是在拥塞避免阶段,只要发送方判断网络出现拥塞(其根据就是没有收到确认),就要把慢开始门限 ssthresh 设置为出现拥塞时的发送方窗口值的一半(但不能小于 2),然后把拥塞窗口 cwnd 重新设置为 1,执行慢开始算法。这样做的目的就是要迅速减少主机发送到网络中的分组数,使得发生拥塞的路由器有足够时间把队列中积压的分组处理完毕。

3. 快重传算法

如果发送方设置的超时计时器时限已到,但还没有收到确认,那么很可能是网络出现了拥塞,致使报文段在网络中的某处被丢弃。这时,TCP 马上把拥塞窗口 cwnd 减小到 1,并执行慢开始算法,同时把慢开始门限值 ssthresh 减半,这是不使用快重传的情况。

快重传算法首先要求接收方每收到一个失序的报文段后就立即发出重复确认(为的是使发送方及早知道有报文段没有到达对方),而不要等到自己发送数据时才进行捎带确认,快重传示意图,如图 5 - 3 所示。

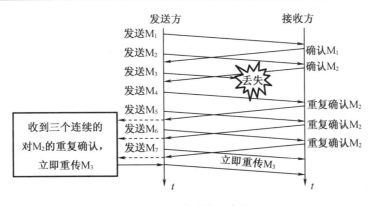

图 5 – 3　快重传示意图

接收方收到了 M_1 和 M_2 后都分别发出了确认。现在假定接收方没有收到 M_3，但接着收到了 M_4。显然，接收方不能确认 M_4，因为 M_4 是收到的失序报文段。根据可靠传输原理，接收方可以什么都不做，也可以在适当时机发送一次对 M_2 的确认。但按照快重传算法的规定，接收方应及时发送对 M_2 的重复确认，这样做可以让发送方及早知道报文段 M_3 没有到达接收方。发送方接着发送了 M_5 和 M_6，接收方收到这两个报文后，也还要再次发出对 M_2 的重复确认。这样，发送方共收到了接收方的四个对 M_2 的确认，其中后三个都是重复确认。快重传算法还规定，发送方只要一连收到三个重复确认就应当立即重传对方尚未收到的报文段 M_3，而不必继续等待 M_3 设置的重传计时器到期。由于发送方尽早重传未被确认的报文段，因此采用快重传后可以使整个网络吞吐量提高约 20%。

4. 快恢复算法

与快重传配合使用的还有快恢复算法，其过程有以下两个要点。

（1）当发送方连续收到三个重复确认，就执行"乘法减小"算法，把慢开始门限 ssthresh 减半。这是为了预防网络发生拥塞。请注意：接下去不执行慢开始算法。

（2）由于发送方现在认为网络很可能没有发生拥塞，因此与慢开始不同之处是现在不执行慢开始算法（即拥塞窗口 cwnd 现在不设置为 1），而是把 cwnd 值设置为慢开始门限 ssthresh 减半后的数值，然后开始执行拥塞避免算法（"加法增大"），使拥塞窗口缓慢地呈线性增大。如图 5 – 4 所示为 TCP 的拥塞控制详解图。

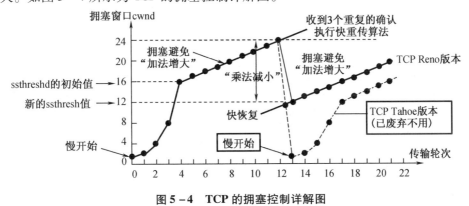

图 5 – 4　TCP 的拥塞控制详解图

5.4 质 量 服 务

5.4.1 网络服务质量

网络服务质量(Quality of Service,QoS)是网络与用户之间以及网络上互相通信的用户之间关于信息传输与共享的质量的约定。例如,传输延迟允许时间、最小传输画面失真度,以及声像同步等。在 Internet 等计算机网络上为用户提供高质量的 QoS 必须解决以下几个问题。

1.QoS 的分类与定义。对 QoS 进行分类和定义的目的是使网络可以根据不同类型的 QoS 进行管理和分配资源。例如,给实时服务分配较大的带宽和较多的 CPU 处理时间等。另一方面,对 QoS 进行分类定义也方便用户根据不同的应用提出 QoS 需求。

2.准入控制和协商。即根据网络中资源的使用情况,允许用户进入网络进行多媒体信息传输并协商其 QoS。

3.资源预约。为了给用户提供满意的 QoS,必须对端系统、路由器,以及传输带宽等相应的资源进行预约,以确保这些资源不被其他应用所强用。

4.资源调度与管理。对资源进行预约之后,是否能得到这些资源,还依赖于相应的资源调度与管理系统。

5.4.2 网络服务质量的用途

QoS 可以被机构用于部署和增强网络策略(管理网络带宽的使用)。通过使用 QoS,主机可以实现以下几个功能。

1.控制输入到网络的特定类型的数量。

2.根据一些策略标记选择的数据包,以使得后继路由器能传送所指示的服务。

3.提供服务(例如,沿着路由使用适当的 QoS 支持的虚拟专用线路)。

4.参与资源保留,从接收方得到请求,并且为资源保留请求并通告"发送方会话可用"。

5.4.3 关于 QoS

QoS 是新兴的因特网技术。在所有的部署阶段有许多 QoS 的优点,然而,真正的端到端服务只有当 QoS 的支持存在于所有特定的路由上时才能实现。

5.5 网 络 互 联

网络互联是指将不同的网络连接起来,以构成更大规模的网络系统,实现不同网络间的数据通信、资源共享和协同工作。如图 5-5 为网络互联示意图。

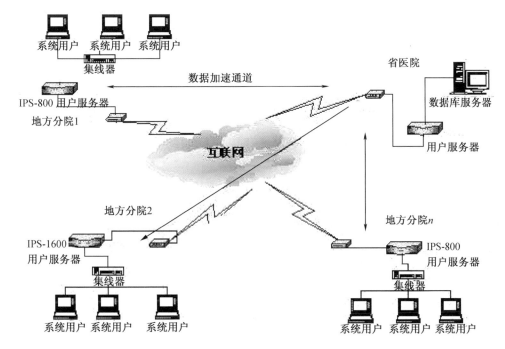

图 5 - 5 网络互联示意图

5.5.1 基本概念

1. 互连(interconnection)是指网络在物理上的连接,两个网络之间至少有一条在物理上连接的线路,它为两个网络的数据交换提供了基础和可能性,但并不能保证两个网络一定能够进行数据交换,这要取决于两个网络的通信协议是不是相互兼容。

2. 互联(internet working)是指网络在物理和逻辑上,尤其是逻辑上的连接。

3. 互通(intercommunication)是指两个网络之间可以交换数据。

4. 互操作(interoperability)是指网络中不同计算机系统之间具有透明地访问对方资源的能力。

5.5.2 目的

1. 将不同的网络或相同的网络用互连设备连接在一起形成一个范围更大的网络。

2. 为增加网络性能以及对安全和管理方面的考虑,将原来一个很大的网络划分为几个网段或逻辑上的子网。

3. 实现异种网之间的服务和资源共享。

5.5.3 基本原理

1. 网络互联的要求

(1)在网络之间提供一条链路,至少需要一条物理和链路控制的链路。

(2)提供不同网络节点间的路由选择和数据传送。

(3)提供网络记账服务,记录网络资源使用情况,提供各用户使用网络的记录及有关状态信息。

（4）在提供网络互联时,应尽量避免由于互联而降低网络的通信性能。

（5）不修改互联在一起的各网络原有的结构和协议。

2. 网络互联的层次

（1）物理层

用于不同地理范围内的网段的互联,工作在物理层的网络设备是中继器、集线器。

（2）数据链路层

用于互联两个或多个同一类的局域网,传输帧,工作在数据链路层的网间设备是桥接器（或网桥）、交换机。

（3）网络层

主要用于广域网的互联,工作在网络层的网间设备是路由器、第三层交换机。

（4）高层

用于在高层之间进行不同协议的转换,工作在第三层的网间设备称为网关。

5.5.4 类型

1. LAN – LAN

LAN 互联又分为同种 LAN 互联和异种 LAN 互联。同构网络互联是指符合相同协议局域网的互联,主要采用的设备有中继器、集线器、网桥和交换机等。而异构网的互联是指两种不同协议局域网的互联,主要采用的设备为网桥、路由器等设备。

2. LAN – WAN

这是最常见的方式之一,用来连接的设备是路由器或网关。

3. LAN – WAN – LAN

这是将两个分布在不同地理位置的 LAN 通过 WAN 实现互联,连接设备主要有路由器和网关。

4. WAN – WAN

通过路由器和网关将两个或多个广域网互联起来,可以使分别连入各个广域网的主机资源能够实现共享。

5.5.5 方式

为将多种类网络互联为一个网络,需要利用网间连接器或通过互联网实现互联。

1. 利用网间连接器实现网络互联

一个网络的主要组成部分是节点和主机,按照互联的级别不同,又可以分为以下两类。

（1）节点级互联。这种连接方式较适合于具有相同交换方式的网络互联,常用的连接设备有网卡和网桥。

（2）主机级互联。这种互联方式主要适用于在不同类型的网络间进行互联的情况,常见的网间连接器有网关。

2. 通过互联网进行网络互联

在两个计算机网络中,为了连接各种类型的主机,需要多个通信处理机构成一个通信子网,然后将主机连接到子网的通信处理设备上。当要在两个网络间进行通信时,源网可将分组发送到互联网上,再由互联网把分组传送给目标网。

3. 两种转换方式的比较

当利用网关把 A 和 B 两个网络进行互联时,需要两个协议转换程序,其中之一用于 A 网协议转换为 B 网协议,另一程序则进行相反的协议转换。用这种方法来实现互连时,所需协议转换程序的数目与网络数目 n 的平方成比例,即程序数位为 $n(n-1)$,但利用互联网来实现网络互联时,所需的协议转换程序数目与网络数目成比例,即程序数为 $2n$。当所需互联的网络数目较多时,后一种方式可明显地减少协议转换程序的数目。

5.6　因特网的网络协议

在网络层,因特网可以被看成是一组互相连接的子网或自治系统(AS)。实现这些子网或 AS 互联的就是网络协议。在网络层中有四个重要的协议:互联网协议(IP)、互连网控制报文协议(ICMP)、地址转换协议(ARP)和反向地址转换协议(RARP)。

5.6.1　IP 协议

IP 协议是将多个包交换网络连接起来,它在源地址和目的地址之间传送一种称之为数据包的东西,它还提供对数据大小的重新组装功能,以适应不同网络对包大小的要求。

IP 的责任就是把数据从源传送到目的地。它不负责保证传送的可靠性,对于流量控制、包顺序和其他对于主机到主机的协议来说是很普通的服务。

这个协议由主机到主机协议调用,而此协议负责调用本地网络协议将数据包传送至下一个网关或目的主机。例如,TCP 可以调用 IP 协议,在调用时传送目的地址和源地址作为参数,IP 形成数据包并调用本地网络(协议)接口传送数据包。

IP 实现两个基本功能:寻址和分段。IP 可以根据数据包报头中包括的目的地址将数据包传送到目的地址,在此过程中 IP 负责选择传送的路径,这种选择路径称为路由功能。如果有些网络内只能传送小数据包,IP 可以将数据包重新组装并在报头域内注明。IP 模块中包括这些基本功能,这些模块存在于网络中的每台主机和网关上,而且这些模块(特别在网关上)有路由选择和其他服务功能。对 IP 来说,数据包之间没有什么联系,对 IP 不好说什么连接或逻辑链路。

IP 使用四个关键技术提供服务:服务类型、生存时间、选项和报头校验码。服务类型指希望得到的服务质量。服务类型是一个参数集,这些参数是 Internet 能够提供服务的代表。这种服务类型由网关使用,用于在特定的网络,或是用于下一个要经过的网络,或是下一个要对这个数据包进行路由选择的网关上选择实际的传送参数。生存时间是数据包可以生存的时间上限。它由发送者设置,由经过路由的地方处理,如果未到达,则生存时间为零,抛弃此数据包。对于控制函数来说,选项是重要的,但对于通常的通信来说,它没有存在的必要。选项包括时间戳、安全和特殊路由。报头校验码保证数据的正确传输,如果校验出错,抛弃整个数据包。

IP 不提供可靠的传输服务,它不提供端到端的或节点(路由)到节点(路由)的确认,对数据没有差错控制,它只使用报头的校验码,不提供重发和流量控制。如果出错可以通过 ICMP 报告,ICMP 即可在 IP 模块中实现。

1. IP 数据报报头及各字段的意义

IP 数据报的格式,如图 5-6 所示。

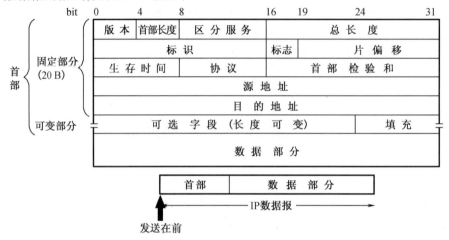

图 5-6 IP 数据报的格式

IP 数据报的首部长度和数据长度都是可变长的,但总是 4 B 的整数倍。

(1)版本占 4 bit,指 IP 协议的版本。通信双方使用的 IP 协议版本必须一致。目前广泛使用的 IP 协议版本号为 4(即 IPv4)。对于 IPv4,4 位版本字段是 4。

(2)首部长度占 4 bit,可表示的最大十进制数值是 15。请注意,这个字段所表示数的单位是 32 bit(32 bit 字长是 4 B),因此,当 IP 的首部长度为 1111(即十进制的 15)时,首部长度就达到 60 B。当 IP 分组的首部长度不是 4 B 的整数倍时,必须利用最后的填充字段加以填充,因此,数据部分永远在 4 B 的整数倍开始,这样在实现 IP 协议时较为方便。首部长度限制为 60 B 的缺点是有时可能不够用。但这样做是希望用户尽量减少开销。最常用的首部长度就是 20 B(即首部长度为 0101),这时不使用任何选项。

(3)区分服务占 8 bit,用来获得更好的服务。这个字段在旧标准中叫作服务类型,但实际上一直没有被使用过。1998 年 IETF 把这个字段改名为区分服务(Differentiated Services,DS),只有在使用区分服务时,这个字段才起作用。

(4)总长度指首部和数据之和的长度,单位为字节。总长度字段为 16 bit,因此数据报的最大长度为 $2^{16} - 1 = 65535$ B。在 IP 层下面的每一种数据链路层都有自己的帧格式,其中包括帧格式中的数据字段的最大长度,称为最大传送单元(Maximum Transfer Unit,MTU)。当一个 IP 数据报封装成链路层的帧时,此数据报的总长度(即首部加上数据部分)一定不能超过下面的数据链路层的 MTU 值。

(5)标识(identification)占 16 bit。IP 软件在存储器中维持一个计数器,每产生一个数据报,计数器就加 1,并将此值赋给标识字段。但这个"标识"并不是序号,因为 IP 是无连接服务,数据报不存在按序接收的问题。当数据报由于长度超过网络的 MTU 而必须分片时,这个标识字段的值就被复制到所有的数据报的标识字段中。相同的标识字段的值使分片后的各数据报片最后能正确地重装成为原来的数据报。

(6)标志(flag)占 3 bit,但目前只有 2 bit 有意义。标志字段中的最低位记为 MF(more fragment)。MF = 1,即表示后面"还有分片"的数据报。MF = 0,表示这已是若干数据报片中的最后一个。标志字段中间的一位记为 DF(don't fragment),意思是"不能分片"。只有当

DF = 0 时才允许分片。

（7）片偏移占 13 bit。片偏移指出较长的分组在分片后，某片在原分组中的相对位置。也就是说，相对用户数据字段的起点，该片从何处开始。片偏移以 8 B 为偏移单位，这就是说，除了最后一个分片，每个分片的长度一定是 8 B(64 bit)的整数倍。

（8）生存时间占 8 B，生存时间字段常用的英文缩写是 TTL(time to live)，表明是数据报在网络中的寿命。由发出数据报的源点设置这个字段，其目的是防止无法交付的数据报无限制地在因特网中兜圈子，因而白白消耗网络资源。最初的设计是以秒作为 TTL 的单位。每经过一个路由器时，就把 TTL 减去数据报在路由器消耗掉的一段时间。若数据报在路由器消耗的时间小于 1 s，就把 TTL 值减 1。当 TTL 值为 0 时，就丢弃这个数据报。后来把 TTL 字段的功能改为"跳数限制"（但名称不变）。路由器在转发数据报之前就把 TTL 值减 1，若 TTL 值减小到零，就丢弃这个数据报，不再转发。因此，现在 TTL 的单位不再是秒，而是跳数。TTL 的意义是指数据报在网络中至多可经过多少个路由器。显然，数据报在网络中经过的路由器的最大数值是 255，若把 TTL 的初始值设为 1，就表示这个数据报只能在本局域网中传送。

（9）协议占 8 bit，协议字段指出此数据报携带的数据是使用何种协议，以便使目的主机的 IP 层知道应将数据部分上交给哪个处理过程。

（10）首部检验和占 16 bit。这个字段只检验数据报的首部，但不包括数据部分。这是因为数据报每经过一个路由器，路由器都要重新计算一下首部检验和（一些字段，如生存时间、标志、片偏移等都可能发生变化），不检验数据部分可减少计算的工作量。

（11）源地址占 32 bit。

（12）目的地址占 32 bit。

2. IP 数据报的分段与重组

IP 数据报报头内部有一个 16 bit 的标识来区分每一个 IP 数据报，同时 3 bit 的标志位中有 1 bit 用来表示"更多分片"，也就是说这一位置为 1 的时候表示该 IP 包被分片了，并且当前这一片还不是最后一片，如果是最后一片的话就是置 0 的。还有一个 13 bit 的偏移字段表示当前 IP 包（如果是分片）在原包中所处的偏移位置。分片的每个 IP 包的长度字段表示的是当前分片的长度。因此有了上面这些信息就可以在最后一片到达目的主机的时候能够将所有的分片进行重组。IP 分片的时候是与上层协议（TCP）不相关的。

流程为 IP 包在途经 MTU 比较小的路线的时候会将 IP 包进行分片，理论上除了最后一片外，前面的所有分片都是将送往链路的 MTU，然后每一个分片的 IP 标识以及源目的 IP 等都相同，但除了最后一个分片外标志位中的"更多分片"字段位被置为 1，并且偏移字段和长度字段也被填写为适当的值。当分片到达目的主机后再根据上面的这些信息进行重组。

3. 路由器对 IP 数据报的分组转发过程

网络接口接收分组。这一步负责网络物理层处理，即把经编码调制后的数据信号还原为数据。不同的物理网络介质决定了不同的网络接口，如对应于 10 BASE – T 以太网，路由器有 10 BASE – T 以太网接口；对应于 SDH，路由器有 SDH 接口。

根据网络物理接口，路由器调用相应的链路层（网络 7 层协议中的第 2 层）功能模块以解释处理此分组的链路层协议报头。这一步处理比较简单，主要是对数据完整性的验证，如 CRC 校验、帧长度检查。近年来，IP over something 的趋势非常明显，IP（处于网络 7 层协议中的第 3 层）跳过链路层而被直接加载在物理层之上。

在链路层完成对数据帧的完整性验证后,路由器开始处理此数据帧的 IP 层。这一过程是路由器功能的核心。根据数据帧中 IP 包报头的目的 IP 地址,路由器在路由表中查找下一跳(next hop)的 IP 地址,IP 分组头部件的 TTL(time to live)域开始减数,并计算新的校验和(checksum)。如果接收数据帧的网络接口类型与转发数据帧的网络接口类型不同,则 IP 分组还可能因为最大帧长度的规定而分段或重组。

根据在路由表中所查到的下一跳 IP 地址,IP 数据包送往相应的输出链路层,被封装上相应的链路层帧头,最后经输出网络物理接口发送出去。

5.6.2 ARP 协议与 RARP 协议

对于以太网,数据链路层上是根据 48 bit 的以太网地址来确定目的接口,设备驱动程序从不检查 IP 数据报中的目的 IP 地址。ARP 协议为 IP 地址到对应的硬件地址之间提供动态映射。

1. ARP 协议工作过程

在以太网(ARP 协议只适用于局域网)中,如果本地主机想要向某一个 IP 地址的主机(路由表中的下一跳路由器或者直连的主机,注意此处 IP 地址不一定是 IP 数据报中的目的 IP)发包,但是并不知道其硬件地址,此时利用 ARP 协议提供的机制来获取硬件地址,具体过程如下。

(1)本地主机在局域网中广播 ARP 请求,ARP 请求数据帧中包含目的主机的 IP 地址,意思是如果你是这个 IP 地址的拥有者,请回答你的硬件地址。

(2)目的主机的 ARP 层解析这份广播报文,识别出报文询问其硬件地址。于是发送 ARP 应答包,里面包含 IP 地址及其对应的硬件地址。

(3)本地主机收到 ARP 应答后,知道了目的地址的硬件地址,之后的数据报就可以传送了。

2. ARP 高速缓存

ARP 高速缓存(ARP cache),由最近的 ARP 项组成的一个临时表,在 Windows 2000 系统中 ARP 调整缓存中的项两分钟后丢失。每个主机或者路由器都有一个 ARP 高速缓存表。它用来存放最近 Internet 地址到硬件地址之间的映射记录。高速缓存表中每一项的生存时间都是有限的,起始时间是从被创建时开始计算的。高速缓存表用项目数组来实现,每个项目包括以下字段。

(1)状态:表示项目的状态,其值为 FREE(已超时),PENDING(已发送请求但未应答)或 RESOLVED(已经应答)。

(2)硬件类型、协议类型、硬件地址长度、协议地址长度,与 ARP 分组中的相应字段相同。

(3)接口号:对应路由器的不同接口。

(4)队列号:ARP 使用不同的队列将等待地址解析的分组进行排队,发往同一个目的地的分组通常放在同一个队列中。

(5)尝试:表示这个项目发送出了多少次的 ARP 请求。

(6)超时:表示一个项目以秒为单位的寿命。

(7)硬件地址:目的硬件地址,应答返回前保持为空。

(8)协议地址:目的高层协议地址,如 IP 地址。

3. RARP 协议

反向地址转换协议(Reverse Address Resolution Protocol,RARP)允许局域网的物理机器从网关服务器的 ARP 表或者缓存上请求其 IP 地址。网络管理员在局域网网关路由器里创建一个表以映射物理地址(MAC)和与其对应的 IP 地址。当设置一台新的机器时,其 RARP 客户机程序需要向路由器上的 RARP 服务器请求相应的 IP 地址。假设在路由表中已经设置了一个记录,RARP 服务器将会返回 IP 地址给机器,此机器就会存储起来以便日后使用。RARP 可以用于以太网、光纤分布式数据接口及令牌环 LAN。

5.6.3 ICMP 协议

ICMP 协议是一种面向无连接的协议,用于传输出错报告控制信息。它是一个非常重要的协议,它对于网络安全具有极其重要的意义。

它是 TCP/IP 协议族的一个子协议,属于网络层协议,主要用于在主机与路由器之间传递控制信息,包括报告错误、交换受限控制和状态信息等。当遇到 IP 数据无法访问目标、IP 路由器无法按当前的传输速率转发数据包等情况时,会自动发送 ICMP 消息。ICMP 报文在 IP 帧结构的首部协议类型字段(protocol 8 bit)的值为 1。

ICMP 包有一个 8 B 的报头,其中前 4 B 是固定的格式,包含 8 bit 类型字段,8 bit 代码字段和 16 bit 的校验和;后 4 个 B 根据 ICMP 包的类型而取不同的值。

ICMP 提供一致易懂的出错报告信息。发送的出错报文返回到发送原数据的设备,因为只有发送设备才是出错报文的逻辑接收者。发送设备随后可根据 ICMP 报文确定发生错误的类型,并确定如何才能更好地重发失败的数据包。但是 ICMP 唯一的功能是报告问题而不是纠正错误,纠正错误的任务由发送方完成。

我们在网络中经常会使用到 ICMP 协议,比如我们经常使用的用于检查网络通不通的 ping 命令(Linux 和 Windows 中均有),这个"ping"的过程实际上就是 ICMP 协议工作的过程。还有其他的网络命令,如跟踪路由的 tracert 命令也是基于 ICMP 协议的。

5.6.4 IPv6

IPv6 是 Internet Protocol Version 6 的缩写,其中 Internet Protocol 译为"互联网协议"。IPv6 是互联网工程任务组(Internet Engineering Task Force,IETF)设计的,是用于替代现行版本 IP 协议(IPv4)的下一代 IP 协议,号称可以为全世界的每一粒沙子编上一个网址。

由于 IPv4 最大的问题在于网络地址资源有限,严重制约了互联网的应用和发展。IPv6 的使用,不仅能解决网络地址资源数量的问题,而且也解决了多种接入设备连入互联网的障碍。

到 1992 年初,一些关于互联网地址系统的建议在 IETF 上提出,并于 1992 年底形成白皮书。在 1993 年 9 月,IETF 建立了一个临时的 ad-hoc 下一代 IP(IPng)领域来专门解决下一代 IP 的问题。这个新领域由 Allison Mankin 和 Scott Bradner 领导,成员由 15 名来自不同工作背景的工程师组成。IETF 于 1994 年 7 月 25 日采纳了 IPng 模型,并形成几个 IPng 工作组。从 1996 年开始,一系列用于定义 IPv6 的 RFC 发表出来,最初的版本为 RFC1883。由于 IPv4 和 IPv6 地址格式等不相同,因此在未来的很长一段时间里,互联网中出现 IPv4 和 IPv6 长期共存的局面。在 IPv4 和 IPv6 共存的网络中,对于仅有 IPv4 地址,或仅有 IPv6 地址的端系统,两者无法直接通信,此时可依靠中间网关或者使用其他过渡机制实现通信。

2003 年 1 月 22 日,IETF 发布了 IPv6 测试性网络,即 6bone 网络。它是 IETF 用于测试 IPv6 网络而进行的一项 IPng 工程项目,该工程目的是测试如何将 IPv4 网络向 IPv6 网络的迁移。作为 IPv6 问题测试的平台,6bone 网络包括协议的实现、IPv4 向 IPv6 网络迁移等功能。6bone 操作建立在 IPv6 试验地址分配的基础上,并采用 3FFE::/16 的 IPv6 前缀,为 IPv6 产品及网络的测试和试商用部署提供测试环境。截至 2009 年 6 月,6bone 网络技术已经支持了 39 个国家的 260 个组织机构。6bone 网络被设计成为一个类似于全球性层次化的 IPv6 网络,同实际的互联网类似,它包括伪顶级转接提供商、伪次级转接提供商和伪站点级组织机构。由伪顶级提供商负责连接全球范围的组织机构,伪顶级提供商之间通过 IPv6 的 IBGP-4 扩展来尽力通信,伪次级提供商也通过 BGP-4 连接到伪区域性顶级提供商,伪站点级组织机构连接到伪次级提供商。伪站点级组织机构可以通过默认路由或 BGP- 4 连接到其伪提供商。6bone 最初开始于虚拟网络,它使用 IPv6-over-IPv4 隧道过渡技术。因此,它是一个基于 IPv4 互联网且支持 IPv6 传输的网络,后来逐渐建立了纯 IPv6 网络链接。

从 2011 年开始,主要用在个人计算机和服务器系统上的操作系统基本上都支持高质量 IPv6 配置产品。例如,Microsoft Windows 从 Windows 2000 起就开始支持 IPv6 网络,到 Windows XP 时已经进入了产品完备阶段。而 Windows Vista 及以后的版本,例如 Windows 7、Windows 8 等操作系统都已经完全支持 IPv6 网络,并对其进行了改进以提高支持度。Mac OS X Panther(10.3)、Linux 2.6、FreeBSD 和 Solaris 同样支持 IPv6 网络的成熟产品。一些应用基于 IPv6 网络来实现,例如,Bit Torrent 点到点文件传输协议等,它避免了使用 NAT 的 IPv4 私有网络无法正常使用的普遍问题。

2012 年 6 月 6 日,国际互联网协会举行了世界 IPv6 网络启动纪念日,这一天,全球 IPv6 网络正式启动。多家知名网站,例如 Google、Facebook 和 Yahoo 等,于当天全球标准时间 0 点(北京时间 8 点整)开始永久性支持 IPv6 访问。

习 题

一、填空题

1. _____是 OSI 参考模型中的第三层,其介于层和数据链路层之间。

2. 在虚电路操作方式中,为了进行数据传输,网络的源节点和目的节点之间要建立一条逻辑电路,称为_____。

3. 虚电路服务是 OSI _____层向传输层提供的一种可靠的数据传送服务,它确保所有分组按发送_____到达目的地端系统。

4. 在数据报服务方式中,网络节点要为每个_____选择路由,在_____服务方式中,网络节点只在连接建立时选择路由。

5. 当到达通信子网中某一部分的分组数量过多时,使该部分网络来不及处理,从而使网络性能下降,若出现网络通信业务陷入停顿,我们就称这种现象为_____。

6. 常见的两种死锁是_____和_____。

7. CCITT 提出的 X.25 协议描述了_____与_____之间的接口标准。

8. X.25 协议包括_____、_____和分组层三个层次。

9. X.25 协议中,分组类型有_____、_____、流量控制和复位、重启动等几类。

10. 用于网络间互联的中继设备有_____、网桥、_____和网关几类。

11. 网桥提供_____级的端到端的连线。

12. 常用路由器分为用于_____的路由器和用于_____的路由器两种。

13. 在 X.25 中,两个阳之间的虚电路为_____和_____。

14. 对于路由选择算法而言,固定路由选择属于_____策略,分布路由选择属于_____策略。

15. 为了避免网络中出现阻塞现象,需采用阻塞控制措施。常用的阻塞控制方法有缓存区预分配法、分组丢弃法和阻塞最极端的后果是_____。

16. 在通信子网的数据报操作方式中,每个数据报中都携带有_____信息,从而使得一个节点接收到一个数据报后,能根据数据报中所携带的该信息和节点所存储的_____表,把数据报原样地发往下一个节点。

二、单项选择题

1. 为了克服衰减,获得更远的传输距离,在数字信号的传输过程中可采用(　　)。
A. 中继器　　　　　　B. 网桥　　　　　　C. 调制解调器　　　D. 路由器

2. 某种中继设备提供链路层间的协议转换,在局域网之间存储和转发帧,这种中继设备是(　　)。
A. 转发器　　　　　　B. 路由器　　　　　　C. 网桥　　　　　　D. 网关

3. 某种中继设备提供运输层及运输层以上各层之间的协议转换,这种中继设备是(　　)。
A. 转发器　　　　　　B. 网桥　　　　　　C. 网关　　　　　　D. 路由器

4. 从 OSI 协议层次来看,负责对数据进行存储转发的网桥属于(　　)范畴。
A. 网络层　　　　　　B. 数据链路层　　　　C. 物理层　　　　　D. 运输层

5. 从 OSI 协议层次来看,用以实现不同网络间的地址翻译、协议转换和数据格式转换等功能的路由器属于(　　)范畴。
A. 网络层　　　　　　B. 数据链路层　　　　C. 物理层　　　　　D. 运输层

6. 提供虚电路服务的通信子网内部的实际操作为(　　)。
A. 虚电路或数据报方式　　　　　　　　B. 数据报方式
C. 虚电路方式　　　　　　　　　　　　D. 非上述三种

7. 可被用来进行阳最短路径及最短传输延迟测试策略(　　)。
A. 固定路由选择　　B. 独立路由选择　　C. 随机路由选择　　D. 泛射路由选择

8. 在负载稳定、拓扑结构变化不大的网络中可达到很好的运行效果的路由策略为(　　)。
A. 随机路由选择　　B. 泛射路由选择　　C. 固定路由选择　　D. 独立路由选择

9. 在要求高带宽和低延迟的场合,例如,传送数字化语音信息的虚电路,可采用的阻塞时的(　　)。
A. 分组丢弃法　　　B. 缓存区预分配法　C. 许可证法　　　　D. 定额控制法案

10. 在 X.25 协议中,在链路层上传输信息时,分组应嵌入信息帧的(　　)中。
A. 地址字段　　　　B. 标记字段　　　　C. 信息字段　　　　D. 控制字段

11. X.25 分组的分组头中,用于标志分组中其余部分的格式标识为(　　)。
A. 通用格式标识　　B. 逻辑通道号　　　C. 逻辑信道组号　　D. 分组类型标识

12. X.25 分组层的主要功能是(　　)。
A. 多路复用物理链路　　　　　　　　　B. 实施 UIE-DCE 连接

C. 链路访问控制　　　　　　　　　　　D. 差错控制

13. 在 X.25 分组级协议中,分组头部分用于网络控制,分组类型标志是由第三个字节组成,且该字节最低一位(b1)是'0',则表示该分组为(　　　)。

A. 请求分组　　　　B. 接受分组　　　　C. 数据分组　　　　D. 确认分组

14. X.25 分组级也包括一些元编号分组,例如,中断请求分组,该分组是(　　　)。

A. 对方能接收数据分组时不能发送　　　　B. 对方能接收数据分组时才能发送

C. 对方不能接收数据分组时不能发送　　　　D. 对方不能接收数据分组时也能发送

15. X.25 实际上是 DCE 与分组交换网(PSN)之间的一组接口协议,X.25 协议定义了(　　　)个层次。

A. 2　　　　　　　B. 4　　　　　　　C. 3　　　　　　　D. 5

16. 下面不属于 TCP 协议拥塞控制部分的是(　　　)。

A. 快速重传　　　　B. 慢启动　　　　C. 带外数据　　　　D. 快速恢复

17. 以下描述正确的是(　　　)。

A. ICMP 只能用于传输差错报文

B. ICMP 只能用于传输控制报文

C. ICMP 既不能传输差错报文,也不能传输控制报文。

D. ICMP 不仅用于传输差错报文,而且用于传输控制报文

18. 若某 IP 地址的网络号全部为 0,则该 IP 地址表示(　　　)。

A. 本网络　　　　B. 直接广播地址　　　　C. 有限广播地址　　　　D. 回送地址

19. 下面哪个 TCP/IP 传输层协议提供了端到端面向事务的高效无连接服务(　　　)。

A. IP　　　　　　B. TCP　　　　　　C. UDP　　　　　　D. ICMP

三、问答题

1. 什么是拥塞?

第6章　传输层

传输层是整个协议层次结构的核心,其功能是从源主机到目的主机提供可靠的、价格低廉的数据传输,而与当前网络或使用的网关无关。本章首先介绍传输层的基本概念,包括传输层提供给高层的服务,传输层的两种连接方式,特别应明确传输层寻址与网络层寻址的区别。然后着重介绍因特网的两种传输协议 TCP 和 UDP,详述针对上述两种传输层协议的两种连接管理——面向连接和无连接的概念,另外介绍了传输层对拥塞的控制。

6.1　传输层基本概念

网络中传输的数据经过网络层可以做到从源主机到目的主机。那么,传输层在寻址这一功能中又起到什么作用呢? 传输层的最终目标是向用户或者说是向应用程序的进程提供有效、可靠且最佳的服务。要了解传输层的功能,首先要清楚传输层及应用层之间的关系。

6.1.1　传输服务

传输层位于网络层与应用层之间,传输层利用网络层提供的服务,向应用层提供服务。

1. 传输实体

传输层中完成向应用层提供服务的硬件和(或)软件称为传输实体(transport entity)。传输实体可能存在于下列几个软、硬件环境中。

(1)操作系统的内核中。

(2)一个单独的用户进程内。

(3)网络应用的程序库中。

(4)网络接口卡上。

2. 传输层提供给应用层的服务

传输层的最终目标是向其用户(或是指应用层的进程)提供有效、可靠且价格合理的服务。为了达到这一目标,传输层利用了网络层提供的服务。

(1)网络层、传输层和应用层的逻辑关系

网络层、传输层和应用层的逻辑关系如图6-1所示。图中的 TPDU(transport protocol data unit)是传输协议数据单元,而用户一般不能直接对通信子网加以控制,因此,在网络层之上加一层传输层以改善传输质量,有了传输层后,应用于各种网络的应用程序就能够通过采用一个标准的原语集来编写,而不必担心不同的子网接口和不可靠的数据传输。传输层起着将通信子网的技术、设计和各种缺欠与主层相隔离的关键作用。

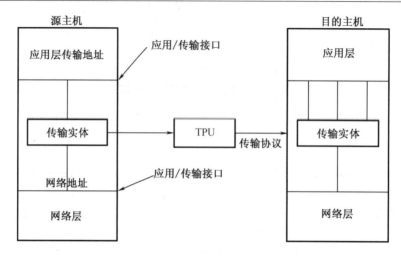

图 6-1　网络层、传输层和应用层的逻辑关系

（2）网络地址与传输地址的关系

通过如图 6-2 所示，可以进一步理解网络地址与传输地址的关系。

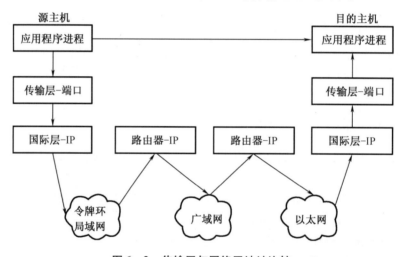

图 6-2　传输层与网络层地址比较

由图 6-2 可以看出，网际层地址是 IP 地址，即可以到达主机的地址，而传输层地址是主机上的某个进程使用的端口地址。关于端口的规定，在后面介绍传输层协议时详细介绍。

（3）两种传输服务

传输层的传输服务根据不同的协议分为面向连接与非连接的两种类型。所谓的面向连接是发送方与接收方传输服务需要经过建立连接，然后再传输数据，最后释放连接 3 个过程；对于非连接的传输服务，发送方无须事先建立连接，只要有数据需要发送，就直接发送。

6.1.2　传输协议的要素

传输服务是通过建立连接的两传输实体之间所采用的传输协议来实现的。在某些方面，传输层协议与数据链路层协议有相似的地方。其表现在两者都必须解决差错控制、分组顺序、流量控制及其他问题,而两者最大的差异是两层的协议所运行的环境不同,由此而带来的不同。数据链路层是两个相邻节点间数据的传输,传输层的传输双方是通过通信子网进行数据的传输,这一环境的差异对协议产生了很多重要影响。数据链路层与传输层传输环境如图 6-3 所示。

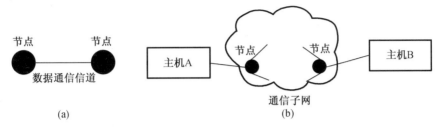

图 6-3 数据链路层与传输层环境

(a)数据链路层;(b)传输层

传输层与数据链路层的主要区别是传输层需要寻址、建立连接的过程复杂以及对数据缓存区与流量控制的方法上的区别。

1. 寻址

当一个应用程序希望与另一个应用程序传输数据时,如果是面向连接的传输服务,在建立连接时必须指定是与哪个应用程序相连,如果是非连接的传输服务也需要指明数据发送给哪个应用程序。

(1)传输地址

寻址的方法一般采用定义传输地址。因特网传输地址由 IP 地址和主机端口号组成。通过图 6-2 可知,首先按照 IP 地址找到目的主机,再根据主机端口号确定该进程的端口。

(2)两种编址方式

在传输层有分级结构和平面结构两种编址方式。

分级结构编址,也称为层次型地址,由一系列字段组成,这些字段将地址分为不相交的分区。例如,层次型地址可能具有以下结构:

$$地址 = 国家/网络/主机/端口$$

层次型结构的实例较多,例如电话号码就是典型的层次型结构。分级结构易于进行路径选择,但当用户或进程迁移时,必须重新分配地址。

平面结构编址,其地址随机分配,不含任何路径信息。

2. 建立连接

要保证建立起可靠的连接并非一件容易的事,问题的复杂性体现在如何确认可靠的连接已经建立起来了。在实际的网络应用中,采用一种称为三次握手的算法,并增加某些条件来解决最后确认的问题。

增加的条件是所发送的报文都要有递增的序列号,对每个报文都设立一个计时器,设定一个最大时延,对那些超过最大时延仍没有收到确认信息的报文就认为已经丢失。

三次握手算法的工作原理是发送方向接收方发送建立连接的请求报文时,接收方向发送方回应一个对建立连接请求报文的确认报文,发送方再向接收方发送一个对确认报文的确认报文。

在三次握手算法的基础上,加上增加的条件就可以建立可靠的连接了。

3. 释放连接

释放连接仍然采用和建立连接相类似的三次握手的方法,但释放连接有对称释放和非对称释放两种方式。

(1)对称释放方式

对称释放方式在两个方向上分别释放连接,一方释放连接后,只是不能发送数据但可以继续接收数据。这种方式适合于每个进程有固定数量的数据需要发送并确切知道何时发送完毕的情况。

(2)非对称释放方式

非对称释放方式是当一方释放连接时,两个方向的连接都会被释放。例如,电话系统,当一方挂机后,连接即被中断。非对称释放很突然,可能会导致数据丢失,不适于在传输层使用。

6.1.3 传输层在 OSI 中的地位和作用

OSI 的 7 层模型中的物理层、数据链路层和网络层是面向网络通信的低 3 层协议,为网络环境中的主机提供点对点通信服务。传输层提供应用进程端到端的进程通信服务,既是 7 层模型中负责数据通信的最高层,又是面向网络通信的低 3 层和面向信息处理的高 3 层之间的中间层。传输层位于网络层之上、会话层之下,在网络分层结构中起着承上启下的作用。它利用网络层子系统提供给它的服务去开发本层的功能,并实现本层对会话层的服务。

传输层是 OSI 的 7 层模型中最重要、最关键的一层,是唯一负责总体数据传输和控制的一层。传输层的两个主要目的是:第一,提供可靠的端到端的通信;第二,向会话层提供独立于网络的传输服务。

在讨论为实现这两个目标所应具有的功能之前,先考察一下传输层所处的地位。首先,传输层之上的会话层、表示层及应用层均不包含任何数据传输的功能,而网络层又不一定需要保证发送站的数据可靠地送至目的站;其次,会话层不必考虑实际网络的结构、属性、连接方式等实现的细节。

根据传输层在 OSI 的 7 层模型中的地位,它的主要功能是对一个进行的对话或连接提供可靠的传输服务,在通向网络的单一物理连接上实现该连接的复用,在单一连接上提供端到端的序号与流量控制、端到端的差错控制及恢复等服务。

传输层反映并扩展了网络层子系统的服务功能,并通过传输层地址提供给高层用户传输数据的通信端口,使系统间高层资源的共享不必考虑数据通信方面的问题。

6.2 传输控制协议

6.2.1 引言

本节将介绍 TCP 为应用层提供的服务,以及 TCP 首部中的各个字段,并对这些字段进行相应介绍。

6.2.2　TCP 概述

传输控制协议(Transmission Control Protocol, TCP)是 TCP/IP 协议套件中的一种协议,负责将消息拆分为数据包,以通过 TCP/IP 网络(例如 Internet)进行传输。数据包到达接收方的计算机后,TCP 负责按照数据包最初发送的顺序重新组合它们,并确保消息中的数据在传输过程中不会被放错地方。

Internet 协议套件中存在一个核心协议。联网主机上的应用程序可以使用 TCP 在主机间建立连接,并通过这些连接交换数据或数据包。该协议确保在发送方和接收方之间可靠并有序地传输数据。

TCP/IP 网络中存在一个主要协议。IP(Internet 协议)只处理数据包,而 TCP 能使两个主机进行建立连接并交换数据流。TCP 确保数据的传输并确保按照数据包发送的顺序传输它们。

TCP 是一种面向连接、可靠且基于字节流的传输层通信协议,它是由 IETF 的 RFC 793 定义的。在简化的计算机网络 OSI 模型中,它主要完成第四层传输层所指定的功能,用户数据报协议是同一层内另一个重要的传输协议。在因特网协议族(internet protocol suite)中,TCP 层是位于 IP 层之上、应用层之下的中间层。不同主机的应用层之间经常需要可靠的、像管道一样的连接,但是 IP 层不提供这样的流机制,而是提供不可靠的包交换。

应用层向 TCP 层发送用于网间传输且用 8 位字节表示的数据流,然后 TCP 把数据流分成适当长度的报文段,通常受该计算机连接的网络的数据链路层的最大传输单元的限制。之后 TCP 把结果包传给 IP 层,由它来通过网络将包传送给接收端实体的 TCP 层。TCP 为了保证不发生丢包,就给每个包一个序号,同时序号也保证了传送到接收端实体的包的按序接收。然后接收端实体对已成功收到的包发回一个相应的确认(ACK);如果发送端实体在合理的往返时延(RTT)内未收到确认,那么对应的数据包就被假设为已丢失将会被进行重传。TCP 用一个校验和函数来检验数据是否有错误,在发送和接收时都要计算校验和。

6.2.3　TCP 的服务

虽然 TCP 和 UDP 都使用相同的网络层(IP),但是 TCP 却向应用层提供与 UDP 完全不同的服务。TCP 提供一种面向连接、可靠的字节流服务。

面向连接意味着两个使用 TCP 的应用(通常是一个客户和一个服务器)在彼此交换数据之前,必须先建立一个 TCP 连接。这一过程与打电话很相似,先拨号振铃,等待对方摘机说"喂",然后才说明是谁。在一个 TCP 连接中,仅有两方进行彼此通信。广播和多播不能用于 TCP。

1. TCP 提供可靠性的方式

(1)应用数据被分割成 TCP 认为最适合发送的数据块。这和 UDP 完全不同,应用程序产生的数据报长度将保持不变。由 TCP 传递给 IP 的信息单位称为报文段或段(segment)。

(2)当 TCP 发出一个段后,它启动一个定时器,等待目的端确认收到这个报文段。如果不能及时收到一个确认,将重发这个报文段。

(3)当 TCP 收到发自 TCP 连接另一端的数据,它将发送一个确认。这个确认不是立即发送,通常将推迟几分之一秒。

(4)TCP 将保持它首部和数据的检验和。这是一个端到端的检验和,目的是检测数据在传输过程中的任何变化。如果收到段的检验和有差错,TCP 将丢弃这个报文段和不确认收到此报文段(发送端超时并重发)。

(5)若 TCP 报文段作为 IP 数据报来传输,而 IP 数据报的到达可能会失序,因此,TCP 报文段的到达也可能会失序。如果必要的情况,TCP 将对收到的数据进行重新排序,将收到的数据以正确的顺序交给应用层。

(6)IP 数据报会发生重复,TCP 的接收端必须丢弃重复的数据。

(7)TCP 还能提供流量控制。TCP 连接的每一方都有固定大小的缓存空间。TCP 的接收端只允许另一端发送接收端缓存区所能接纳的数据。这将防止较快主机致使较慢主机的缓存区溢出。

两个应用程序通过 TCP 连接交换 8 bit 字节构成的字节流。TCP 不在字节流中插入记录标识符,通常将这称为字节流服务(byte stream service)。如果一方的应用程序先传 10 字节,又传 20 字节,再传 50 字节,连接的另一方将无法了解发送方每次发送了多少字节。接收方可以分 4 次接收这 80 个字节,每次接收 20 字节。一端将字节流放到 TCP 连接上,同样的字节流将出现在 TCP 连接的另一端。

另外,TCP 对字节流的内容不做任何解释。TCP 不知道传输的数据字节流是二进制数据,还是 ASCII 字符、EBCDIC 字符或者其他类型数据。对字节流的解释由 TCP 连接双方的应用层解释。

这种对字节流的处理方式与 Unix 操作系统对文件的处理方式很相似。Unix 的内核对一个应用读或写的内容不做任何解释,而是交给应用程序处理。对 Unix 的内核来说,它无法区分一个二进制文件与一个文本文件。

2. TCP 提供的服务的主要特征

(1)面向连接的传输,传输数据前需要先建立连接,数据传输完毕要释放连接。

(2)端到端通信,不支持广播通信。

(3)可靠性高,确保数据传输的正确性,不出现丢失或乱序。

(4)全双工方式传输。

(5)采用字节流方式,即以字节为单位传输字节序列,如果字节流太长,将其分段。

(6)提供紧急数据传送功能,即当有紧急数据需要发送时,发送方会立即发送,接收方收到后会暂停当前工作,读取紧急数据,并做相应处理。

3. TCP 具有以下几个主要的特点

(1)TCP 提供的是面向连接、可靠的数据流传输,而 UDP 提供的是非面向连接、不可靠的数据流传输。面向连接的协议在任何数据传输前就已建立好点到点的连接。ATM 和帧中继是面向连接的协议,但它们工作在数据链路层,而不是在传输层。普通的音频电话也是面向连接的。

(2)TCP 的目的是提供可靠的数据传输,并在相互进行通信的设备或服务之间保持一个虚拟连接。TCP 在数据包接收无序、丢失或在交付期间被破坏时,负责数据恢复。它通过为其发送的每个数据包提供一个序号来完成此恢复。较低的网络层会将每个数据包视为一个独立的单元。因此,数据包可以沿完全不同的路径发送,即使它们都是同一消息的组成部分,这种路由与网络层处理分段和重新组装数据包的方式非常相似,只是级别更高而已。为确保正确地接收数据,TCP 要求在目的计算机成功接收到数据时发回一个确认(即 ACK)。如果在某个时限内未收到相应的 ACK,则将重新传送数据包,如果网络拥塞,这种重新传送将导致发送的数据包重复。但是,接收计算机可使用数据包的序号来确定它是否为重复数据包,并在必要时丢弃。

(3)对于 TCP 的鲁棒性要求。TCP 的设计应当能够自动地适应各种不同的物理网络状况,为了实现这一点,TCP 使用了一系列流量控制和拥塞控制机制。在 TCP 中,应用数据被分割为 TCP 认为最适合发送的数据块,这与 UDP 完全不同。在 UDP 中,应用程序产生的数据报长度将保持不变,TCP 的发送端使用了一个滑动窗口来控制发送的速率,使得不会出现发送端发送速率过快而导致接收端无法处理的情况,而接收端也维持了一个滑动窗口来进行数据的接收,TCP 的拥塞控制是保证 TCP 鲁棒性的一个重要因素,拥塞控制假定数据报丢弃是由网络拥塞造成的,通过控制拥塞窗口的大小,使 TCP 的发送速度能够自动地适应网络拥塞的状况。

6.2.4　TCP 的机制

1. 报文段首部格式

TCP 虽然是面向字节流的,但 TCP 传送的数据单元却是报文段。TCP 报文段首部的前 20 个字节是固定的,后面有 4n 字节是根据需要而增加的选项,如图 6 - 4 所示为 TCP 报文段首部示意图。

源端口		目的端口	
序号			
确认号			
数据偏移	保留	U R G　A C K　P S H　R S T　S Y N　F I N	窗口
校验和		紧急指针	
选项(长度可变)			填充

图 6 - 4　TCP 报文段首部示意图

下面为 TCP 报文段各段位说明。

(1)源端口和目的端口:各占 2 字节。端口是传输层与应用层的服务接口。传输层的复用和分用功能都要通过端口才能实现。

(2)序号:占 4 字节。TCP 连接中传送的数据流中的每一个字节都编上一个序号,序号字段的值则指的是本报文段所发送的数据的第一个字节的序号。

(3)确认号:占 4 字节。是期望收到对方的下一个报文段的数据的第一个字节的序号。

(4)数据偏移/首部长度:占 4 位。它指出 TCP 报文段的数据起始处距离 TCP 报文段的起始处有多远。"数据偏移"的单位是 32 位字(以 4 字节为计算单位)。

(5)保留:占 6 位。保留为今后使用,但目前应置为 0。

(6)紧急 URG:当 URG =1 时,表明紧急指针字段有效,其告知系统此报文段中有紧急数据,应尽快传送(相当于高优先级的数据)。

(7)确认 ACK:只有当 ACK =1 时,确认号字段才有效;当 ACK =0 时,确认号无效。

(8)PSH(PuSH):接收 TCP 收到 PSH =1 的报文段,则尽快交付接收应用进程,而不再等到整个缓存填满后再向上交付。

(9) RST (ReSeT):当 RST = 1 时,表明 TCP 连接中出现严重差错(例如,由于主机崩溃或其他原因),必须释放连接,然后再重新建立传输连接。

(10) 同步 SYN:同步 SYN = 1 表示这是一个连接请求或连接接受报文。

(11) 终止 FIN:用来释放一个连接。FIN = 1 表明此报文段的发送端的数据已发送完毕,并要求释放传输连接。

(12) 检验和:占 2 字节。检验和字段检验的范围包括首部和数据这两部分。在计算检验和时,要在 TCP 报文段的前面加上 12 字节的伪首部。

(13) 紧急指针:占 16 位。指出在本报文段中紧急数据共有多少个字节(紧急数据放在本报文段数据的最前面)。

(14) 选项:长度可变。TCP 最初只规定了一种选项,即最大报文段长度 MSS,MSS 告诉对方 TCP"我的缓存所能接收的报文段的数据字段的最大长度是 MSS 个字节"。MSS (Maximum Segment Size)是 TCP 报文段中的数据字段的最大长度。数据字段加上 TCP 首部才等于整个的 TCP 报文段。

(15) 填充:这是为了使整个首部长度是 4 字节的整数倍。

(16) 其他选项:略。

(17) 窗口扩大:占 3 字节。其中,有一个字节表示移位值 S,新的窗口值等于 TCP 首部中的窗口位数增大到(16 + S),相当于把窗口值向左移动 S 位后获得实际的窗口大小。

(18) 时间戳:占 10 字节。其中,最主要的字段时间戳值字段(4 字节)和时间戳回送回答字段(4 字节)。

(19) 选择确认:接收方收到了和前面的字节流不连续的 2 字节,如果这些字节的序号都在接收窗口之内,那么接收方就先收下这些数据,但要把这些信息准确地告诉发送方,使发送方不要再重复发送这些已收到的数据。

2. 自动重传请求 ARQ

定义:可靠传输协议常称为自动重传请求(Automatic Repeat Request,ARQ)。

3. 累积确认

接收方一般采用累积确认的方式,即不必对收到的分组逐个发送确认,而是对按序到达的最后一个分组发送确认。这样就表示这个分组为止的所有分组都已正确接收。它的优点是容易实现,即使确认丢失也不必重传;它的缺点是不能向发送方反映出接收方已经正确收到的所有分组的信息。

4. GO-BACK-N(回退 N 帧策略)

如果发送方发送了前 5 个分组,而中间的第 3 个分组丢失了,这时接收方只能对前两个分组发出确认,发送方无法知道后面三个分组的下落,而只好把后面的三个分组都再重传一次。它的具体实现步骤是 TCP 连接的每一端都必须设有两个窗口,一个发送窗口和一个接收窗口;TCP 可靠传输机制用字节的序号进行控制,TCP 所有的确认都是基于序号而不是基于报文段。TCP 两端的四个窗口经常处于动态变化中,且连接的往返时间 RTT 也不是固定不变的,需要利用特定的算法和较为合理的重传时间。

5. 发送缓存

发送缓存是用来暂时存放数据,即发送方 TCP 准备发送的数据;TCP 已发送出去但尚未收到确认的数据。

6. 接受缓存

接受缓存用来暂时存放数据,即按序到达的、但尚未被接收应用程序读取的数据;不按序到达的数据。

7. 滑动窗口

(1)特点:以字节为单位的滑动窗口;例如,A 的发送窗口并不总是和 B 的接受窗口一样大,因为有一定的时间滞后。

(2)要求:TCP 标准没有规定对不按序到达的数据应如何处理,通常是先临时存放在接收窗口中,等到字节流照中所缺少的字节收到后,再按序交付上层的应用进程;TCP 要求接收方必须有累积的功能,这样可以减小传输开销。

(3)具体实现:TCP 每发送一个报文段,就对这个报文段设置一次计时器,只要计时器设置的重传时间到且但还没有收到确认,就要重传这一报文段。

8. 加权平均往返时间

TCP 保留了 RTT 的一个加权平均往返时间 RTTS,又称为平滑的往返时间。第一次测量到 RTT 样本时,RTTS 值就取为所测量到的 RTT 样本值,以后每测量到一个新的 RTT 样本,就按下式重新计算一次 RTTS。

$$新的 RTTS = (1 - \alpha) \times (旧的 RTTS) + \alpha(新的 RTT 样本) \qquad (6-1)$$

式中,$0 \leqslant \alpha < 1$。若 α 接近于零,表示 RTT 值更新较慢;若 α 接近于1,则表示 RTT 值更新较快。RFC 2988 推荐的 α 值为 $1/8$,即 0.125。

9. 超时重传时间 RTO

RTO 应略大于上面得出的加权平均往返时间 RTTS。RFC 2988 建议使用 RTO = RTTS + 4xRTTD,计算 RTO。RTTD 是 RTT 的偏差的加权平均值,RFC 2988 建议计算 RTTD 时,在第一次测量时,RTTD 值取为测量到的 RTT 样本值的一半。在以后的测量中,使用下式计算加权平均的 RTTD。

$$新的 RTTD = (1 - \beta) \times (旧的 RTTD) + \beta \times |RTTS - 新的 RTT 样本| \qquad (6-2)$$

β 是个小于 1 的系数,其推荐值是 $1/4$,即 0.25。在计算平均往返时间 RTT 时,只要报文段重传,就不采用其往返时间样本。

10. 修正的 Karn 算法

报文段每重传一次,就把 RTO 增大一些,即

$$新的 RTO = \gamma \times (旧的 RTO) \qquad (6-3)$$

系数 γ 的典型值是 2,当不再发生报文段的重传时,再根据报文段的往返时延更新平均往返时延 RTT 和超时重传时间 RTO 的数值。

11. 持续计时器

TCP 为每一个连接设有一个持续计时器,只要 TCP 连接的一方接收到对方的零窗口通知,就启动持续计时。若持续计时器设置的时间到,就发送一个零窗口探测报文段,仅携带 1 字节的数据,而对方就在确认这个探测报文段时给出了现在的窗口。若窗口仍然是零,则接收到这个报文段的一方就重新设置持续计时;若窗口不是零,则接死锁的僵局就可以打破了。

6.2.5 TCP 连接

1.连接建立

TCP 的连接建立如图 6-5 所示。

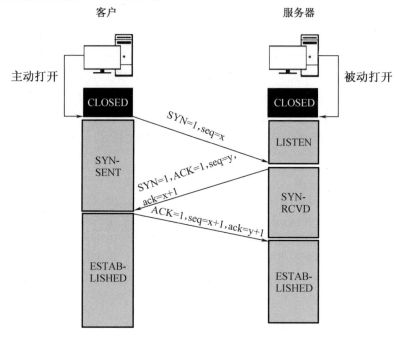

图 6-5 TCP 连接建立

（1）步骤

①A 的 TCP 向 B 发出连接请求报文段,其首部中的同步位 SYN=1,并选择序号 seq=x,表明传送数据时的第一个数据字节的序号是 x。

②B 的 TCP 接收到连接请求报文段后,若同意,则发回确认(B 在确认报文段中应使 SYN=1,使 ACK=1,其确认信号 ACK=x+1,自己选择的序号 seq=y)。

③A 收到此报文段后向 B 给出确认信号,其 ACK=1,确认信号 ACK=y+1(A 的 TCP 通知上层应用进程,连接已经建立,B 的 TCP 收到主机 A 的确认信号后,也通知其上层应用进程,即 TCP 连接已经建立)。

2.连接释放

TCP 的连接释放如图 6-6 所示。

（1）步骤

①数据传输结束后,通信的双方都可释放连接,现在 A 的应用进程先向其 TCP 发出连接释放报文段,并停止再发送数据,主动关闭 TCP 连接(A 连接释放报文段首部的 FIN=1,其序号 seq=u,并等待 B 的确认)。

②B 发出确认信号,确认信号 ACK=u+1,而这个报文段自己的序号 seq=v(TCP 服务器进程通知高层应用进程,从 A 到 B 这个方向的连接就释放了,TCP 连接处于半关闭状态,B 若发送数据,A 仍要接收)。

③若 B 已经没有向 A 发送的数据,其应用进程就通知 TCP 释放连接。

④A 收到连接释放报文段后,必须发出确认信号。在确认报文段中 ACK = 1,确认号 ACK = w + 1,自己的序号 seq = u + 1。

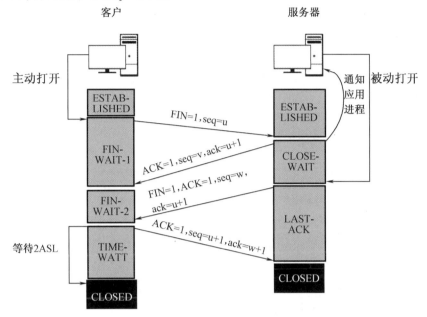

图 6 - 6 TCP 释放连接

(2)注意

TCP 连接必须经过时间 2MSL 后才真正释放掉。2MSL 的时间用意是为了保证 A 发送的最后一个 ACK 报文段能够到达 B,防止"已失效的连接请求报文段"出现在本连接中。A 在发送完最后一个 ACK 报文段后,再经过时间 2MSL,就可以使本连接持续的时间内所产生的所有报文段都从网络中消失。这样就可以使下一个新的连接中不会出现这种旧的连接请求报文段。

6.2.6 拥塞处理

1.拥塞窗口

(1)含义:拥塞窗口的大小取决于网络的拥塞程度,并且动态地在变化。发送方让自己的发送窗口等于拥塞窗口,例如,在考虑到接收方的接收能力,则发送窗口可能小于拥塞窗口。

(2)发送方控制拥塞窗口的原则:只要网络没有出现拥塞,拥塞窗口可增大一些,以便把更多的分组发送出去。但只要网络出现拥塞,拥塞窗口就要减小一些,以减少注入网络中的分组数。

(3)乘法减小:是指不论在慢开始阶段还是拥塞避免阶段,只要出现一次超时(即出现一次网络拥塞),就把慢开始门限值 ssthresh 设置为当前的拥塞窗口值乘以 0.5。

(4)加法增大:是指执行拥塞避免算法后,在接收到对所有报文段的确认后(即经过一个往返时间),就把拥塞窗口 cwnd 增加一个 MSS 大小,使拥塞窗口缓慢增大,防止网络过早出现拥塞。

(5)快重传:快重传算法首先要求接收方每接收到一个失序的报文段后就立即发出重

复确认,这样做可以让发送方及早知道有报文段没有到达接收方,发送方只要一连收到三个重复确认就应当立即重传对方尚未收到的报文段。

(6)快恢复:当发送端收到连续三个重复的确认时,就执行乘法减小算法,把慢开始门限 ssthresh 减半,但接下去不执行慢开始算法。

(7)发送窗口的上限值:发送方的发送窗口的上限值应当取接收方窗口 rwnd 和拥塞窗口 cwnd 这两个变量中较小的一个,即应按以下方法确定。

发送窗口的上限值 Min [rwnd, cwnd]:

当 rwnd < cwnd 时,是接收方的接收能力限制发送窗口的最大值;

当 cwnd < rwnd 时,则是网络的拥塞限制发送窗口的最大值。

2. 避免拥塞

(1)慢开始算法

在主机刚刚开始发送报文段时可先设置拥塞窗口 cwnd = 1,即设置为一个最大报文段 MSS 的数值。在每接收到一个新的报文段的确认后,将拥塞窗口加 1,即增加一个 MSS 的数值。使用慢开始算法后,每经过一个传输轮次(往返时间 RTT),拥塞窗口 cwnd 就加倍。

(2)拥塞避免算法

拥塞窗口 cwnd 缓慢地增大,即每经过一个往返时间 RTT 就把发送方的拥塞窗口 cwnd 加 1,使拥塞窗口 cwnd 按线性规律缓慢增长。

慢开始门限 ssthresh 的用法:

当 cwnd < ssthresh 时,使用慢开始算法;

当 cwnd > ssthresh 时,停止使用慢开始算法而改用拥塞避免算法;

当 cwnd = ssthresh 时,既可使用慢开始算法,也可使用拥塞避免算法。

网络出现拥塞时(其根据为没有按时收到确认),就要把慢开始门限 ssthresh 设置为出现拥塞时的发送方窗口值的一半,但不能小于 2,然后把拥塞窗口 cwnd 重新设置为 1,执行慢开始算法。

6.3　用户数据报协议

用户数据报协议,简称 UDP,是一个简单的面向数据报的传输层协议。

6.3.1　UDP 概述

用户数据报协议 UDP 为网络层以上和应用层以下提供了一个简单的接口。相较于 IP 的数据报服务,增加了复用和分用的功能,以及差错检测的功能。

UDP 的主要有以下几个特点。

(1)UDP 是无连接的。应用进程发送数据前后无须建立和释放连接,减少了时间开销。

(2)面向报文。UDP 对应用程序交付的数据报文添加首部后就交付 IP 层,即不对数据报文进行检查和修改。

(3)UDP 不提供可靠性。UDP 数据服务无须等待对方的应答。

(4)UDP 不提供拥塞控制。以 UDP 吞吐量不受拥塞控制算法的调节,只受应用软件生成数据的速率、传输带宽、源端和终端主机性能的限制,因此,网络的拥塞不会导致源主机的发送速率受到影响。

（5）UDP 首部开销小。UDP 首部仅有 8 个字节,比 TCP 首部的 20 个字节短得多。

UDP 是一种不可靠的网络协议,但是由于其排除了信息可靠传递机制,将安全和排序等功能移交给上层应用来完成,极大地降低了执行时间,使速度得到了保证。但是,由于 UDP 没有拥塞控制功能,可能会引起网络产生严重阻塞。UDP 适用于无须应答并且通常一次只传送少量数据的情况。

6.3.2　UDP 数据传输机制

1. UDP 的段结构

UDP 有两个字段,即数据字段和首部字段。首部字段八个字节,分为四个字段,每个字段长度都是两个字节,如图 6 - 7 所示为协议首部格式。

首部格式

字节 2	2	2	2	2
伪首部	源端口	目的端口	长度	检验和

伪首部格式

字节 4	4	1	1	2
源IP地址	目的IP地址	0	17	UDP长度

图 6 - 7　UDP 协议首部格式

其各字段意义如下。

（1）源端口:源端口号。表明接收端地址,在需要对方回信时使用,不需要时可全为零。

（2）目的端口:目的端口号。表明接收端地址,在终点交付报文时必须使用。

（3）UDP 长度:用户数据报的长度,最小值为8,仅有首部。

（4）UDP 检验和:检测 UDP 用户数据报在传输中是否有错,有错就丢弃,不需要时可全为零。

为了计算检验和,UDP 数据报前增加了 12 个字节的伪首部。它并不是真正的首部,只是在计算检验和时,临时添加到 UDP 数据报前,得到一个临时的 UDP 用户数据报。因此,检验和是按照这个临时的 UDP 数据报计算的。伪首部既不向下传递,也不向上递交,仅仅是为了计算检验和。

2. UDP 的端口号

UDP 端口号规定与 TCP 相同,范围是 0 ~ 65535,下表 6 - 1 是 UDP 常见的端口号。

表 6 - 1　常见的 UDP 端口号

TCP 端口	关键词	描述
53	Domain	域名服务器
67	BootPS	引导协议服务器
68	BootPC	引导协议客户机
69	TFTP	简单文件传输协议

表 6-1(续)

TCP 端口	关键词	描述
161	SNMP	简单网络管理协议
162	SNMP – TRAP	简单网络管理协议陷阱

6.3.3 UDP 协议的应用

UDP 是一种不可靠的网络协议,但是在有些情况下,UDP 协议可能会变得非常有用。因为 UDP 拥有 TCP 望尘莫及的速度优势。与 UDP 协议相比,TCP 协议中植入了各种安全保障功能,但是在实际执行的过程中会占用大量的系统开销,无疑使速度受到严重的影响。反观 UDP,由于排除了信息可靠的传递机制,将安全和排序等功能移交给上层应用来完成,极大地降低了执行时间,使速度得到了保证。

UDP 协议的最早规范是 RFC 768,于 1980 年发布。尽管时间已经很长,但是 UDP 协议仍然继续在主流应用中发挥着作用。例如,视频电话会议系统在内的许多应用都证明了 UDP 协议的存在价值。相对于可靠性来说,这些应用更加注重实际性能,所以为了获得更好的使用效果(例如,更高的画面刷新速率)往往可以牺牲一定的可靠性(例如,画面质量),这就是 UDP 和 TCP 两种协议的权衡之处。根据不同的环境和特点,两种传输协议都将在今后的网络世界中发挥重要的作用。

习 题

一、选择题

1. 在 OSI 模型中,提供端到端传输功能的层次是(　　)

　A. 物理层　　　　　　B. 数据链路层　　　　C. 传输层　　　　　　D. 应用层

2. TCP 的主要功能是(　　)

　A. 进行数据分组　　　　　　　　　　B. 保证可靠传输

　C. 确定数据传输路径　　　　　　　　D. 提高传输速度

3. 在发送 TCP 接收到确认 ACK 之前,由其设置的重传计时器时间到,这时发送 TCP 会(　　)

　A. 重传重要的数据段　　　　　　　　B. 放弃该连接

　C. 调整传送窗口尺寸　　　　　　　　D. 向另一个目标端口重传数据

4. 下列哪项最恰当地描述了建立 TCP 连接时"第一次握手"所做的工作(　　)

　A. "连接发起方"向"接收方"发送一个 SYN-ACK 段

　B. "接收方"向"连接发起方"发送一个 SYN-ACK 段

　C. "连接发起方"向目标主机的 TCP 进程发送一个 SYN 段

　D. "接收方"向源主机的 TCP 进程发送一个 SYN 段作为应答

5. TCP 插口 socket 由下列哪项中的地址组合而成(　　)

　A. MAC 地址和 IP 地址　　　　　　　B. IP 地址和端口地址

　C. 端口地址和 MAC 地址　　　　　　D. 端口地址和应用程序地址

6. 下列哪项不是 TCP 协议为了确保应用程序之间的可靠通信而使用的(　　)

A. ACK 控制位　　　　　B. 序列编号　　　　　　C. 校验和　　　　　　D. 紧急指针

7. 接收 TCP 为了表明其已收到源节点的 SYN 数据包,向源节点发送下列哪种类型的数据包(　　)

A. SYN-ACK　　　　　B. SYN-2　　　　　　　C. ACK　　　　　　D. RESYN

8. 下列哪种类型的 TCP 段包含窗口尺寸公告(　　)

A. SYN　　　　　　　B. ACK　　　　　　　　C. PSH　　　　　　D. WIN

9. TCP 进程如何处理失败的连接(　　)

A. 发送一个 FIN 段询问目的端的状态

B. 在超出最大重试次数后发送一个复位(RST)段

C. 发送一个 RST 段重置目的端的重传计时器

D. 发送一个 ACK 段,立即终止该连接

10. 传输控制协议 TCP 表述正确的内容是(　　)

A. 面向连接的协议,不提供可靠的数据传输

B. 面向连接的协议,提供可靠的数据传输

C. 面向无连接的服务,提供可靠数据的传输

D. 面向无连接的服务,不提供可靠的数据传输

11. 在 TCP 连接建立过程中,首先由请求建立连接的一方(客户端)发送一个 TCP 段,该 TCP 段应将(　　)

A. FIN 置为 1　　　B. FIN 置为 0　　　　C. SYN 置为 1　　　D. SYN 置为 0

12. 下面的说法哪一个是错误的(　　)

A. 在 TCP 协议中,发送方必须重发久未应答的 TCP 段

B. TCP 协议的接收方必须将剩余缓存区的大小置入 Windows size 字段中来通知发送方

C. 在任何情况下,TCP 实体总是立即发送应用程序的输出数据

D. TCP 的发送方除了需要一个发送窗口外,还需要维持一个阻塞窗口

二、填空题

1. TCP/IP 模型分为四层,最高两层是_____、_____。

2. 传输层使高层用户看到的就好像在两个运输层实体之间有一条_____通信通路。

3. TCP/IP 网络中,物理地址与_____有关,逻辑地址与_____有关,端口地址和_____有关。

4. UDP 和 TCP 都使用了与应用层接口处的_____与上层的应用进程进行通信。

5. 在 TCP 连接中,主动发起连接建立的进程是_____。

6. 在 TCP 连接中,被动等待连接的进程是_____。

7. 一个连接由两个端点来标识,这样的端点叫作_____或_____。

三、简答题

1. 简述采用四次握手机制释放 TCP 连接的四个步骤。

2. 简述采用三次握手机制建立 TCP 连接的三个步骤。

3. 简述拥塞现象。

4. 传输协议的要素有哪些?

5. TCP 提供什么样的服务?

6. UDP 协议的应用有哪些,简要列举。简述 UDP 协议和 TCP 协议的主要区别。

7. 列举 UDP 协议中常见的端口号。

8. 简要说明 UDP 协议的特点。

9. 以画图形式说明 UDP 协议的首部格式。

10. UDP 协议的应用有哪些,简要列举。

四、应用题

1. 画图说明 TCP 采用三次握手协议建立连接的过程。

第7章 应 用 层

应用层协议(application layer protocol)定义了运行在不同端系统上的应用程序进程如何相互传递报文。

7.1 域名系统

7.1.1 域名系统概述

域名系统(Domain Name System, DNS)是互联网使用的命名系统。就像拜访朋友要先知道别人家怎么走一样,互联网上当一台主机要访问另外一台主机时,必须首先获知其地址,TCP/IP 中的 IP 地址是由四段以".”分开的数字组成,记起来不如名字方便,所以,就采用了域名系统来管理名字和 IP 的对应关系。域名系统其实就是名字系统,为什么不叫作"名字"而叫作域名呢?这是因为在互联网命名系统中使用了许多的"域"(domain),因此出现了"域名"这个名词。"域名系统"很明确地指明这种系统是用在互联网中的。

为什么机器在处理 IP 数据报时要使用 IP 地址而不使用域名呢?这是因为 IP 地址的长度是固定的 32 位(如果是 IPv6 地址,那就是 128 位,也是定长的),而域名的长度并不是固定的,机器处理起来比较困难。

在 ARPANET 时代,有一个文件 host. txt,列出了当时网络上所有的主机和它们对应的 IP 地址,只要用户输入一台主机名字,计算机就可以很快地把这台主机名字转换成机器能够识别的二进制 IP 地址。现在 host 文件依然存在,列入在 Windows 10 操作系统中,host 文件存储位置为 C:\Windows\System32\drivers\etc。

因特网规模很大,所以整个因特网只使用一个域名服务器是不可行的。因此,早在 1983 年因特网开始采用层次树状结构的命名方法,并使用了分布式的域名系统 DNS。DNS 的互联网标准是 RFC 1034 与 RFC 1035。由于 DNS 是分布式系统,即使单个计算机出了故障,也不会妨碍整个 DNS 系统的正常运行。

互联网的命名系统 DNS 被设计成为一个联机分布式数据库系统,并采用了客户服务器方式。DNS 使大多数名字都在本地进行解析(resolve),仅少量解析需要在互联网上通信,因此,DNS 系统的效率很高。

域名到 IP 地址的解析过程有以下几个要点。当某一个应用需要把主机名解析为 IP 地址时,该应用进程就调用解析程序,并成为 DNS 的一个客户,把待解析的域名放在 DNS 请求报文中,以 UDP 用户数据报方式发给本地域名服务器。本地域名服务器在查找域名后,把对应的 IP 地址放在回答报文中返回。应用程序获得目的主机的 IP 地址后即可进行通信。若本地域名服务器不能回答该请求,则此域名服务器就暂时称为 DNS 的另一个客户,并向其他域名服务器发出查询请求。这种过程直至找到能够回答该请求的域名服务器为止。

7.1.2　互联网的域名结构

早期的互联网使用了非等级的名字空间,其优点是名字简短,但当互联网的用户数量急剧增加时,用非等级的名字空间来管理一个很大的而且经常变化的名字集合是非常困难的。因此,互联网后来采用了层次树状结构的命名方法。采用这种命名方法,任何一个连接在互联网上的主机或路由器,都有一个唯一的层次结构的名字,即域名。

从语法上来讲每一个域名都是由标号序列组成,而各标号之间用点(小数点)隔开。如图 7 - 1 所示。

图 7 - 1　域名举例

其中,cn 是顶级域名,cctv 是二级域名,mail 是三级域名。

顶级域名主要可以分为两大类,一类是国家顶级域名,采用 ISO 3166 的规定,例如,cn 是中国,us 是美国。另一类是通用顶级域名,如表 7 - 1 列出了一些常见的顶级域名。

表 7 - 1　常见的顶级域名

域名	代表
com	公司企业
net	网络服务机构
org	非营利性组织
edu	教育机构
gov	政府部门

DNS 规定,域名中的标号都有英文和数字组成,每一个标号不超过 63 个字符,为了记忆方便,一般不会超过 12 个字符,也不区分大小写字母。标号中除连字符(-)外,不能使用其他的标点符号。级别最低的域名写在最左边,而级别最高的字符写在最右边。由多个标号组成的完整域名总共不超过 255 个字符。DNS 既不规定一个域名需要包含多少个下级域名,也不规定每一级域名代表什么意思。各级域名由其上一级的域名管理机构管理,而最高的顶级域名则由 ICANN 进行管理。用这种方法可使每一个域名在整个互联网范围内是唯一的,并且也容易设计出一种查找域名的机制。

域名只是逻辑概念,并不代表计算机所在的物理地点。据 2006 年 12 月统计,现在顶级域名 TLD(top level domain)已有 265 个,分为以下三大类。互联网的域名空间如图 7 - 2 所示。

(1)国家顶级域名 nTLD:采用 ISO 3166 的规定。例如,cn 代表中国,us 代表美国,uk 代表英国等。国家域名又常记为 ccTLD,cc 表示国家代码 contry-code。

（2）通用顶级域名 gTLD：最常见的通用顶级域名有 7 个，即 com 代表公司企业，net 代表网络服务机构，org 代表非营利组织，int 代表国际组织，gov 代表美国的政府部门，mil 代表美国的军事部门。

（3）基础结构域名（infrastructure domain）：这种顶级域名只有一个，即 arpa，用于反向域名解析，因此称为反向域名。

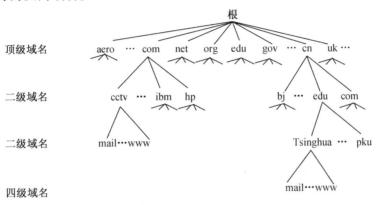

图 7-2　互联网的域名空间

7.1.3　域名服务器

具体实现域名系统规则是使用分布在各地的域名服务器。从理论上讲，可以让每一级的域名都有一个对应的域名服务器，使所有的域名服务器具有"域名服务器树"的结构。但这样做会使域名服务器的数量太多，使域名系统的运行效率降低。因此，DNS 采用划分分区的方法来解决这个问题。

一个服务器所负责管辖或有权限的范围叫作区（zone）。各单位根据具体情况来划分自己管辖范围的区。但在一个区中的所有节点必须是能够连通的，每一个区设置相应的权限域名服务器，用来保存该区中的所有主机到域名 IP 地址的映射。总之，DNS 服务器的管辖范围不是以"域"为单位，而是以"区"为单位。区是 DNS 服务器实际管辖的范围，如图 7-3 所示。

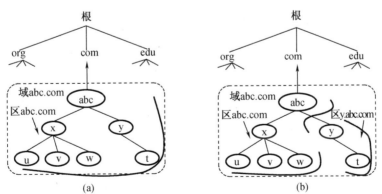

图 7-3　DNS 划分区的举例

（a）公司设一个区；（b）公司设两个区

上图是区的不同划分方法的举例。假定 abc 公司有下属部门 x 和 y,部门 x 下面有分三个分部门 u、v、w,而 y 下面还有下属部门 t。图 a 表示 abc 公司只设一个区 abc. com,这时区 abc. com 和域 abc. com 指的是同一件事;图 b 表示 abc 公司划分为两个区:abc. com 和 y. abc. com,这两个区都隶属于域 abc. com,都各设置了相应的权限域名服务器,不难看出,区是域的子集。

根据域名服务器所起的作用,可以把域名服务器划分为以下四种类型。

(1)根域名服务器

最高层次的域名服务器,也是最重要的域名服务器,所有的根域名服务器掌握所有顶级域名服务器的域名和 IP 地址。任意一个本地域名服务器,要对因特网上任何一个域名进行解析,若自己无法解析,首先就要求助根域名服务器,因此根域名服务器是最重要的域名服务器。假定所有的根域名服务器都瘫痪了,那么整个 DNS 系统就无法工作。值得注意的是,在很多情况下,根域名服务器并不直接把待查询的域名直接解析出 IP 地址,而是告诉本地域名服务器下一步应当找哪一个顶级域名服务器进行查询。

(2)顶级域名服务器

顶级域名服务器负责管理在该顶级域名服务器注册的二级域名。

(3)权限域名服务器

权限域名服务器负责一个“区”的域名服务器。

(4)本地域名服务器

本地域名服务器不属于上图的域名服务器的层次结构,但它对域名系统非常重要。当一个主机发出 DNS 查询请求时,这个查询请求报文就发送给本地域名服务器。

7.1.4 域名解析过程

当我们在浏览器中输入 www. abc. com 时,DNS 解析将会有近 10 个步骤,这个过程大体由一张图可以表示,如图 7 - 4 所示。

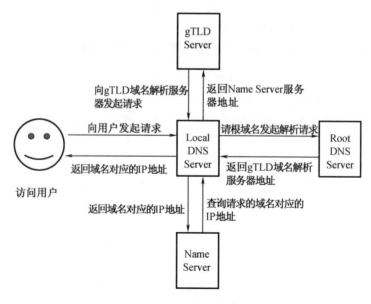

图 7 - 4 DNS 解析步骤

整个过程大体描述如下,其中前两个步骤是在本机完成的,后 8 个步骤涉及真正的域名解析服务器。

(1)浏览器会检查缓存中有没有这个域名对应的解析过的 IP 地址,如果缓存中有这个解析过程就结束。浏览器缓存域名也是有限制的,不仅浏览器缓存大小有限制,而且缓存的时间也有限制,通常情况下为几分钟到几小时不等,域名被缓存的时间限制可以通过 TTL 属性来设置。这个缓存时间太长和太短都不太好,如果时间太长,一旦域名被解析到的 IP 有变化,会导致被客户端缓存的域名无法解析到变化后的 IP 地址,以致该域名不能正常解析,这段时间内有一部分用户无法访问网站;如果设置时间太短,会导致用户每次访问网站都要重新解析一次域名。

(2)如果用户浏览器缓存中没有数据,浏览器会查找操作系统缓存中是否有这个域名对应的 DNS 解析结果。其实,操作系统也有一个域名解析的过程,在 Windows 中可以通过 C:\Windows\System32\drivers\etc\hosts 文件来设置,在 Linux 中可以通过/etc/hosts 文件来设置,用户可以将任何域名解析到任何能够访问的 IP 地址。例如,我们在测试时可以将一个域名解析到一台测试服务器上,这样不用修改任何代码就能测试到单独服务器上的代码的业务逻辑是否正确。正是因为有这种本地 DNS 解析的过程,黑客才有可能通过修改用户的域名来把特定的域名解析到他指定的 IP 地址上,导致这些域名被劫持。

(3)前两个过程无法解析时,就要用到我们网络配置中的"DNS 服务器地址"了。操作系统会把这个域名发送给这个 LDNS,也就是本地区的域名服务器。这个 DNS 通常都提供给用户本地互联网接入的一个 DNS 解析服务,例如,用户是在学校接入互联网,那么用户的 DNS 服务器肯定在学校;如果用户是在小区接入互联网,那么用户的 DNS 就是提供接入互联网的应用提供商,即电信或联通,也就是通常说的 SPA,那么这个 DNS 通常也会在用户所在城市的某个角落。Windows 环境下通过命令行输入 ipconfig,在 Linux 环境下通过 cat /etc/resolv.conf 就可以查询配置的 DNS 服务器了。这个专门的域名解析服务器性能都会很好,它们一般都会缓存域名解析结果,当然缓存时间是受到域名的失效时间控制的。大约 80% 的域名解析到这里就结束了,因此,LDNS 主要承担了域名的解析工作。

(4)如果 LDNS 仍然没有命中,就直接到 Root Server 域名服务器请求解析。

(5)根域名服务器返回给本地域名服务器一个所查询的主域名服务器(gTLD server)地址。gTLD 是国际顶级域名服务器,例如. com、. cn、. org 等,全球只有 13 台左右。

(6)本地域名服务器 LDNS 再向上一步返回的 gTLD 服务器发送请求。

(7)接受请求的 gTLD 服务器查找并返回此域名对应的 name server 域名服务器的地址,这个 name server 通常就是用户注册的域名服务器,例如用户在某个域名服务提供商申请的域名,那么这个域名解析任务就由这个域名提供商的服务器来完成。

(8)name server 域名服务器会查询存储的域名和 IP 的映射关系表,在正常情况下都根据域名得到目标 IP 地址,连同一个 TTL 值返回给 DNS Server 域名服务器。

(9)返回该域名对应的 IP 和 TTL 值,LDNS 会缓存这个域名和 IP 的对应关系,缓存时间由 TTL 值控制。

(10)把解析的结果返回给用户,用户根据 TTL 值缓存在本地系统缓存中,域名解析过程结束。

为了提高 DNS 查询效率,并减轻根域名服务器的负荷和减少互联网上的 DNS 查询报文数量,在域名服务器中广泛的使用了高速缓存,高速缓存用来存放最近查询过的域名,以及从何处获得域名映射信息的记录。

7.2 电子邮件

电子邮件是互联网上使用最多且最受用户欢迎的一种应用。电子邮件把邮件发送到收件人使用的邮件服务器,并放在收件人邮件中,收件人可在自己方便时上网到自己使用的邮件服务器进行读取。这相当于互联网为用户建立了存放邮件的信箱,因此,e-mail 也叫电子信箱。电子邮件不仅使用方便,而且还具有传递迅速和费用低廉的优点。据部分公司报道,使用电子邮件后可提高劳动生产率 30% 以上。现在电子邮件不仅可以传送文字信息,而且可附上声音和图像信息。

7.2.1 电子邮件概述

电子邮件的两个最重要的标准就是:简单邮件传送协议(Simple Mail Transfer Protocol,SMTP)和互联网文本报文格式。由于互联网的 SMTP 只能传送可打印的 7 位 ASCII 码邮件,因此在 1993 年又提出了通用互联网邮件扩充(Multipurpose Internet Mail Extensions,MIME)。电子邮件的主要组成构建,如图 7－5 所示。

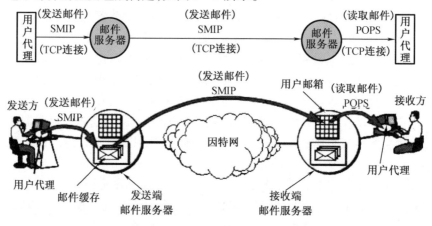

图 7－5　电子邮件的主要组成构建

7.2.2 简单邮件传输协议 SMTP

简单邮件传输协议(Simple Mail Transfer Protocal,SMTP),目标是向用户提供高效、可靠的邮件传输。它的一个重要特点是能够在传输中接力传送邮件,即邮件可以通过不同网络上的主机接力式传送。通常它工作在两种情况下:一是邮件从客户机传输到服务器;二是从某一个服务器传输到另一个服务器。SMTP 是一个请求/响应协议,监听 25 号端口,用于接收用户的 mail 请求,并与远端 mail 服务器建立 SMTP 连接。

SMTP 通常有两种工作模式:发送 SMTP 和接收 SMTP。其具体工作方式为:发送 SMTP,在接收到用户的邮件请求后,判断此邮件是否为本地邮件,若是就直接投送到用户的邮箱,否则向 DNS 查询远端邮件服务器的 MX 记录,并建立与远端接收 SMTP 之间的一个双向传送通道,此后 SMTP 命令由发送 SMTP 发出,由接收 SMTP 接收,而应答则反方向传送。

一旦传送通道建立,SMTP 发送者发送 mail 的命令就指明了邮件的发送者。如果 SMTP 接收者可以接收邮件则返回 OK 应答。SMTP 发送者再发出 RCPT 命令确认邮件是否接收到。如果 SMTP 接收者接收,则返回 OK 应答;如果不能接收,则发出拒绝接收应答,但不中止整个邮件操作,双方将如此反复多次。当接收者收到全部邮件后会接收到特别的序列,如果接收者成功处理了邮件,则返回 OK 应答。

SMTP 的连接和发送过程如下。

(1)建立 TCP 连接。

(2)客户端发送 HELLO 命令以标识发件人自己的身份,然后客户端发送 mail 命令,服务器端以 OK 作为响应,表明准备接收。

(3)客户端发送 RCPT 命令,以标识该电子邮件的计划接收人,命令可以有多个 RCPT 行,服务器端则表示是否愿意为收件人接收邮件。

(4)协商结束,发送邮件,用命令 DATA 发送。

(5)以. 表示结束输入内容,一起发送出去。

(6)结束此次发送,用 QUIT 命令退出。

7.2.3　邮件读取协议 POP3 和 IMAP

现在常用的邮件读取协议有两个,即邮局协议第三个版本 POP3 和网际报文存取协议(Internet Message Access Protocol,IMAP)。

邮局协议 POP3 是一个非常简单、功能有限的邮件读取协议。邮局协议 POP3 最初公布于 1984 年。经过几次更新,现在是用的是 1996 年版本的 POP3,它已经成为互联网的正式标准,大多数的 ISP 都支持 POP3。

POP3 也使用客户服务器的工作方式,在接收邮件用户计算机中的用户代理必须运行 POP3 客户程序,而在收件人所连接的 ISP 的邮件服务器中则运行 POP3 服务器程序。当然,这个 ISP 的邮件服务器还必须运行 SMTP 服务器程序,以便接收发送方邮件服务器的 SMTP 客户程序发来的邮件。POP3 服务器只能在用户输入鉴别信息后,才允许对邮箱进行读取。

POP3 协议的特点就是只要用户从 POP3 服务器读取了邮件,POP 三服务器就把该邮件删除,这在某些情况下就不便。例如,某用户在办公室的台式计算机上接收了一个邮件,还来不及写回信,就马上携带笔记本电脑出差,当他打开笔记本电脑写回信时,POP3 服务器上却已经删除了原来已经看过的邮件,除非他事先复制到笔记本电脑中。为了解决这个问题,POP3 进行了一些功能扩充,其中包括让用户能够事先设置邮件读取后,仍然保持在 POP3 服务器中存放的时间。

另一个读取邮件协议是网际报文存取协议 IMAP,它要比 POP3 复杂得多。在使用 IMAP 时,在用户的计算机上运行 IMAP 客户程序,然后与接收方的邮件服务器上的 IMAP 服务器建立 TCP 连接。用户在自己的计算机上就可以操纵邮件服务器的邮箱,就像在本地操作一样,因此,IMAP 是一个联机协议。当用户计算机上的 IMAP 客户程序打开 IMAP 服务器的邮箱时,用户就可以看到邮件的全部。若用户需要打开某个邮件,则该邮件可传到用户的计算机上。用户可以根据需要为自己的邮件创建便于分类管理层次式的邮箱文件夹,并且能够将存放的邮件从某一个文件夹中移到另一个文件夹中。用户也可以按某种条件对邮件进行查找。在用户未发出删除邮件的命令之前,IMAP 服务器邮箱中的邮件一直保持着。

IMAP 的优点就是用户可以在不同的地方使用不同的计算机随时上网阅读和处理自己在邮件服务器中的邮件,IMAP 还允许收件人只读取邮件中的某一部分。例如,收到了一个带有图像附件的邮件,而用户使用的是无线上网,信道传输速率很低,为了节省时间,可以先下载邮件的正文部分,待以后有时间再读取或下载这个很大的附件。

IMAP 的缺点就是如果用户没有将邮件复制到自己的计算机上,则这个邮件一直存放在 IMAP 服务器上,要想查阅自己的邮件,必须先上网。

7.2.4　通用互联网邮件扩充 MIME

MIME 全称为通用互联网邮件扩充。在 MIME 出现之前,使用 RFC 822 只能发送基本的 ASCII 码文本信息,邮件内容如果要包括二进制文件、声音和动画等实现起来就非常困难,最为麻烦的是多家邮件服务器商间邮件的互发,如果没有一种统一的格式定义,想要互发需要投入巨大的人力与物力。MIME 提供了一种可以在邮件中附加多种不同编码文件的方法,弥补了原来信息格式的不足。实际上不仅仅是邮件编码,现在 MIME 已经成为 HTTP 协议标准的一部分。总体来说,MIME 消息由消息头和消息体两大部分组成。

1.邮件头

MIME 格式的邮件头包含了发件人、收件人、主题、时间、MIME 版本、邮件内容的类型等重要信息。每条信息称为一个域,由域名后加“：”和信息内容构成,可以是一行,较长的也可以占用多行。域的首行必须顶头写,即左边不能有空白字符(空格和制表符);续行则必须以空白字符打头,且第一个空白字符不是信息本身固有的,解码时要过滤掉。

2.邮件体

邮件内容是各种各样的,例如,纯文本、超文本、内嵌资源、内嵌在超文本中的图片、附件的组合等,服务器如何知道该邮件是哪些的混合呢？ 通过第一个 content-type,如果是纯文本开头为:content-type;text/plain; charset = GBK。如果包含了其他内容,邮件体被分为多个段,段中可包含段,每个段又包含段头和段体两部分。content-type 为 multipart 类型。如图 7 - 6 所示,multipart 类型分为三种,这三种的关系如下。

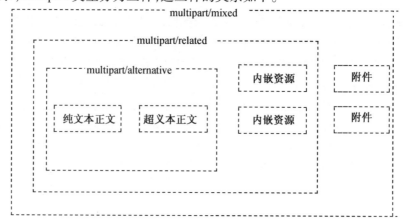

图 7 - 6　multipart 三种类型及关系

可以看出,如果在邮件中要添加附件,必须定义 multipart/mixed 段;如果存在内嵌资源,至少要定义 multipart/related 段;如果纯文本与超文本共存,至少要定义 multipart/alternative

段。何为是"至少"？举个例子,如果只有纯文本与超文本正文,那么在邮件头中将类型扩大化,定义为 multipart/related,甚至为 multipart/mixed 都是允许的。

multipart 等类型的共同特征都是在段头指定"boundary"参数字符串,段体内的每个子段以此串定界。所有的子段都以"－－"+ boundary 行开始,父段则以"－－"+ boundary +"－－"行结束。段与段之间也可以空行分隔。在邮件体是 multipart 类型的情况下,邮件体的开始部分(第一个"－－"+ boundary 行之前)可以有一些附加的文本行,相当于注释,解码时应忽略。

7.3 万维网

万维网 WWW(world wide web)并不是某种特殊的计算机网络,而是一个大规模、联机式的信息储藏所。万维网用链接的方法能方便地从因特网上的一个站点访问另一个站点。

7.3.1 万维网的概述

如今用户利用浏览器查阅网页的时候其实就是使用了万维网,在每个万维网站点都存放了很多文档,万维网使用链接的方式来提供分布式的服务,用户通过点击对应链接,经过一定的时间,浏览器中就可以看见从远方的某个万维网站点所传过来的文档。

万维网以客户服务器的方式工作,浏览器就是作为万维网的客户程序,万维网文档所在的主机则运行服务器程序。一个客户程序主窗口上显示出来的万维网文档称为页面。

7.3.2 统一资源定位符 URL

统一资源定位符 URL 是用来表示从因特网上得到的资源位置和访问资源的方法,由于访问不同对象所使用的协议不同,因此,URL 还指出读取某个对象所使用的协议。URL 的一般形式由下面四个部分组成。

<协议> :// <主机> : <端口> / <路径>

这里的主机就是该主机在因特网上的域名,后面的端口默认是 80,端口和路径有时候可以省略。例如,百度的主页的 URL 为 http://www.baidu.com/

用户使用 URL 并非仅仅能够访问万维网的页面,而且还能够通过 URL 使用其他的因特网应用程序。

7.3.3 超文本传送协议 HTTP

1. HTTP 的操作过程

HTTP 协议定义了浏览器怎样向万维网服务器请求万维网文档,以及服务器怎样把文档传送给浏览器。HTTP 是面向事物的应用层协议。它是万维网上能够可靠地交换文件的重要基础。

每个万维网网点都有一个服务器进程,它不断地监听 TCP 的端口 80,以便发现是否有浏览器向它发出建立连接请求。一旦监听到连接请求并建立了 TCP 连接之后,浏览器就向万维网服务器发出浏览某个页面的请求,服务器接着就返回所请求的页面作为响应,最后 TCP 连接就被释放了。在浏览器和服务器之间的请求和响应的交互,必须按照规则来进行,这个规则就是超文本传送协议 HTTP。

用户浏览页面有两种方式,一是直接在浏览器的地址窗口中输入所要找的页面的 URL;另外一个方法是在某个页面中点击一个链接。下面我们来通过一次点击链接的模拟,更好地了解 HTTP 是怎么工作的。

假如用户用鼠标点击了屏幕上一个具有链接的文字部分,然后链接指向了"百度"的页面,其 URL 是 http://www.baidu.com,下面我们来详细说明在用户点击鼠标后所发生的事件。

(1)浏览器分析链接指向页面的 URL。

(2)浏览器向 DNS 请求解析 http://www.baidu.com 的 IP 地址。

(3)域名系统 DNS 解析出该域名的 IP 地址是 119.75.217.109。

(4)浏览器与服务器建立 TCP 连接三次握手过程。

(5)浏览器发出访问网站相应页面请求(发出 HTTP 协议请求报文)。

(6)服务器发出相应访问页面的请求信息(发出 HTTP)。

(7)断开 TCP 协议四次挥手过程。

HTTP 使用了面向连接的 TCP 作为传输层协议,保证了数据的可靠传输,HTTP 协议本身是无连接的,同时也是无状态的,也就是说无论客户第几次发送请求,服务器的响应和第一次的响应是相同的。HTTP 的无状态特性简化了服务器的设计,使得服务器更加容易支持大量并发的 HTTP 请求。如图 7-7 为服务处理客户端 HTTP 请求。

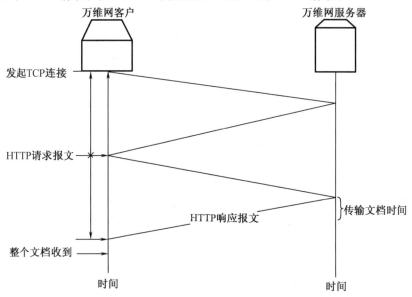

图 7-7　服务器处理客户端 HTTP 请求

上图是描述 HTTP 协议怎样利用 TCP 的三次握手进行操作的。当用户在点击到了某个链接的时候,HTTP 协议首先要和服务器建立 TCP 连接,这需要三次握手,前两次握手结束之后,万维网客户将请求报文捎带在第三次握手中发送给万维网服务器。服务器收到了 HTTP 请求报文后,就把客户请求的文档作为响应报文返回给客户。这是 HTTP/1.0 所进行的操作,可以看出,每次链接成功响应的话就需要花费 2 倍 RTT 加上该文档的传输时间。HTTP/1.1 进行了改进,使用了持续连接(persistent connection)的方法。所谓的持续连接就是万维网服务器在发送响应后仍然在一段时间内保持这条连接,接下来只要是在这个服务器上的文档的请求都可以继续利用这条连接。HTTP/1.1 有两种方式:非流水线方式(without pipelining)和流水线方式(with pipelining)。非流水线方式的特点是用户在收到前一个响应后才能发送下一个请求,这样在发送完一个请求后,会暂时有一段时间是空闲的,就浪费了服务器资源;流水线方式的特点是允许客户在收到 HTTP 的响应报文之前就能够继续发送新的请求报文,这样就将空闲的那段时间也利用了起来,提高了效率。

2. 代理服务器

代理服务器(proxy server)是一种网络实体,它又称为万维网高速缓存(web cache)。代理服务器把最近的一些请求和响应都暂存在本地磁盘中。当新的请求到达时,若代理服务器发现这个请求与暂时存放的请求相同,就返回暂存的响应,而不需要按照 URL 再次去因特网访问该资源。代理服务器可在客户端或者服务器端工作,也可在中间系统工作。

3. HTTP 的报文结构

HTTP 有以下两类报文:

(1)请求报文——从客户向服务器发送请求报文;

(2)响应报文——从服务器到客户的回答。

由于 HTTP 是面向文本的,因此,在报文中的每一个字段都是一些 ASCII 码,因而每个字段的长度都是不确定的。下面通过请求报文与响应报文的图解来了解下它们的结构。如图 7 - 8 所示为请求报文,如图 7 - 9 所示为响应报文。

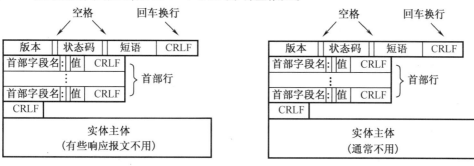

图 7 - 8　请求报文　　　　　　　图 7 - 9　响应报文

HTTP 请求报文和响应报文都是由三个部分组成,从上图可以看出,这两种报文的格式区别在于开始行不同。我们分别来了解一下这三个部分。

(1)开始行:用于区别请求报文还是响应报文。在请求报文中的开始行叫作请求行(request-line),而在响应报文中的开始行叫作状态行(status-line)。接着最后面的 CR 和 LF 代表着回车和换行。

(2)首部行:用来说明浏览器、服务器或者报文主体的一些信息。首部可以有很多行,在每一行的末尾都要写上 CR 和 LF,整个首部行结束之后,还有一个空行将首部行和后面的实体分开。

(3)实体主体(entity body):在请求报文中一般不使用这个字段,而在响应报文中也可能不适用这个字段。

接着分别了解一下请求报文和响应报文的特点。

（1）请求报文特点

请求报文的请求行中只有三个内容，就是方法、请求资源的 URL，以及 HTTP 的版本，这里的方法就是对所请求的对象需要进行的操作，这些方法实际上也就是一些命令。

（2）响应报文特点

响应报文的第一行叫作状态行，状态行包括了三项内容，即 HTTP 的版本、状态码、已经解释状态码的简单短语。状态码（status – code）都是由三位数字构成的，分为 5 大类，共 33 种。有以下 5 类：

（1）1XX 表示通知信息的，例如，请求收到了或者正在进行处理；

（2）2XX 表示成功；

（3）3XX 表示重定向，例如，要完成请求还需要采取进一步的操作；

（4）4XX 表示客户的差错，例如，请求中有错误的语法或者不能完成；

（5）5XX 表示服务器的差错，例如，服务器失效无法完成请求。

下面举出几个常见的例子：

（1）HTTP/1.1 202 Accepted；

（2）HTTP/1.1 400 Bad Request；

（3）HTTP/1.1 404 Not Found。

4. Cookie

通过前面的说明，我们已经知道了 HTTP 是无状态的，这样做虽然简化了服务器的设计，但是在实际的工作中，一些万维网站点却常常希望能够识别用户。要做到这点，HTTP 使用了 Cookie。在 HTTP 中，Cookie 表示在 HTTP 服务器和客户之间传递的状态信息。下面通过一个例子来说明 Cookie 的工作原理。

当用户浏览某个使用 Cookie 的网站，该网站的服务器就为该用户产生了一个唯一的识别码，并以此作为索引在数据库中产生一个项目，接着在给该用户的 HTTP 响应报文中添加一个叫作 Set-cookie 的首部行，首部字段名就是 Set-cookie，值就是识别码。例如，Set-cookie：12345678，当该用户收到这个响应时，所使用的浏览器就在 Cookie 文件中添加一行，其中包括这个服务器的主机名和识别码。当其继续浏览这个网站的时候，每次发送 HTTP 请求，浏览器都会从 Cookie 文件中取出这个网站的识别码，并放在 HTTP 请求报文的 Cookie 首部行中，Cookie ：12345678。

这样的话，这个网站就能够跟踪 12345678 在该网站上的活动。值得注意的是，服务器并不需要知道这个用户的姓名或者是其他信息，但是服务器能够知道用户在什么时候访问了哪些界面，以及访问这些页面的顺序。很多购物网站就是利用了 Cookie 去获取用户的浏览访问记录从而给用户进行推荐商品。

这里再解释一下对于 Cookie 的两个争议。第一个是很多人认为 Cookie 会把计算机病毒带到电脑，这是不正确的，Cookie 只是一个小的文本文件，不是计算机的可执行程序，因此不可能传播计算机病毒，也不可能盗取用户硬盘中的信息；另外一个是 Cookie 会暴露用户的一些隐私，这种情况确实存在，因此，有些网站为了使顾客放心，就公开声明会保护顾客的隐私。

7.3.4　超文本标记语言 HTML

超文本标记语言（Hyper Text Markup Language，HTML）是一种制作万维网页面的标准语言,它消除了不同计算机之间信息交流的障碍。官方的 HTML 标准由 W3C 负责制定。HTML 文档是一种可以用任何文本编译器创建的 ASCII 码文件。值得注意的是,只有当 HTML 文档是以.html 或者是.htm 为后缀的时候,浏览器才对这样的 HTML 文档进行解释。

7.3.5 万维网的信息检索系统

1.全文检索搜索与分类目录搜索

在万维网中用来进行搜索的工具叫作搜索引擎(search engine),搜索引擎可以划分为两种类型,全文检索搜索引擎和分类搜索引擎。

(1)全文检索搜索引擎

全文检索搜索引擎是一种纯技术型的检索工具,它的工作原理是通过搜索软件到因特网上的各个网站收集信息。

(2)分类搜索引擎

分类搜索引擎并不采集网站的任何信息,而是利用各个网站向搜索引擎提交的网站信息时填写的关键字和网站的描述等经过人工的编辑之后,输入到分类目录的数据库中,供网上用户查询。查询时候通过分类进行查找就好,不需要使用关键字。最著名的是 www. yahoo. com。

还存在垂直搜索引擎(vertical search engine),它针对某一特定领域,特定人群或者某一个特定需求提供搜索。还有一种叫作元搜索引擎(meta search engine),它把用户提交的检索请求发送到多个独立的搜索引擎上去搜索,并把结果统一处理,以统一的格式提供给用户。

2.Google 搜索技术

Google 的核心技术是 PageRank,译为网页排名。传统的搜索引擎往往是检查关键字在网页上出现的频率,PageRank 技术则是把整个互联网当作了一个整体对待,检查整个网络链接的结构,并确定哪些网页的重要性最高,如果有很多网站上的链接都指向页面 A,那么页面 A 就比较重要。PageRank 对链接的数目进行加权统计,来自重要网站的链接,其权重也大。

7.4　其他应用

1.文件传输协议

文件传输协议(file transfer protocol)用于 Internet 上的控制文件的双向传输。同时,它也是一个应用程序(application)。基于不同的操作系统有不同的 FTP 应用程序,而所有这些应用程序都遵守同一种协议以传输文件。在 FTP 的使用当中,用户经常遇到两个概念,"下载"(download)和"上传"(upload)。"下载"文件就是从远程主机拷贝文件至自己的计算机上;"上传"文件就是将文件从自己的计算机中拷贝至远程主机上。用 Internet 语言来说,用户可通过客户机程序向(从)远程主机上传(下载)文件。

2.文件传输方式

FTP 的传输有两种方式:ASCII 传输方式和二进制传输方式。

（1）ASCII 传输方式

假定用户正在拷贝的文件包含简单的 ASCII 码文本，如果在远程机器上运行的不是 UNIX，当文件传输时 FTP 通常会自动地调整文件的内容以便于把文件解释成另外那台计算机存储文本文件的格式。

但是常常有这样的情况，用户正在传输的文件包含的不是文本文件，它们可能是程序、数据库、字处理文件或者压缩文件。在拷贝任何非文本文件之前，用 binary 命令告诉 FTP 逐字拷贝。

（2）二进制传输模式

在二进制传输中，保存文件的位序，以便原始和拷贝的是逐位一一对应的。即使目的机器上包含位序列的文件是没意义的。例如，macintosh 以二进制方式传送可执行文件到 Windows 系统，在对方系统上，此文件不能执行。

例如，在 ASCII 方式下传输二进制文件，即使不需要也仍会转译，这会损坏数据。ASCII 方式一般假设每一字符的第一有效位无意义，因为 ASCII 字符组合不使用它，如果传输二进制文件，所有的位都是重要的。

3. 支持模式

FTP 支持两种模式：STANDARD（PORT 方式，主动方式）和 PASSIVE（PASV，被动方式）。

（1）STANDARD 模式

FTP 客户端首先和服务器的 TCP 21 端口建立连接，用来发送命令，客户端需要接收数据的时候在这个通道上发送 PORT 命令。PORT 命令包含了客户端用什么端口接收数据。在传送数据的时候，服务器端通过自己的 TCP 20 端口连接至客户端的指定端口发送数据。FTP server 必须和客户端建立一个新的连接用来传送数据。

（2）PASSIVE 模式

建立控制通道和 STANDARD 模式类似，但建立连接后发送 PASV 命令。服务器收到 PASV 命令后，打开一个临时端口（端口号大于 1023 小于 65535）并且通知客户端在这个端口上传送数据的请求，客户端连接 FTP 服务器此端口，然后 FTP 服务器将通过这个端口传送数据。

很多防火墙在设置的时候都是不允许接受外部发起的连接的，因此，许多位于防火墙后或内网的 FTP 服务器不支持 PASV 模式，因为客户端无法穿过防火墙打开 FTP 服务器的高端端口。而许多内网的客户端不能用 PORT 模式登陆 FTP 服务器，因为从服务器的 TCP 20 无法和内部网络的客户端建立一个新的连接，造成无法工作。

4. 对等式网络

点对点技术（Peer-to-Peer，P2P），又称对等互联网络技术，是一种网络新技术。依赖网络中参与者的计算能力和带宽，而不是把依赖都聚集在较少的几台服务器上。P2P 网络通常用于通过 Ad Hoc 连接来连接节点。这类网络可以用于多种用途，各种文件共享软件已经得到了广泛的使用。P2P 技术也被使用在类似 VoIP 等实时媒体业务的数据通信中。

与传统网络模型不同的是，纯点对点网络没有客户端或服务器的概念，只有平等的同级节点，同时对网络上的其他节点充当客户端和服务器。这种网络设计模型不同于客户端 – 服务器模型，在客户端 – 服务器模型中通信通常来往于一个中央服务器。

习 题

一、选择题

1. 在下列协议中,运行在应用层上的是( )

A. IP   B. FTP   C. TCP   D. ARP

2. 下列选项中,格式正确的电子邮件地址是( )

A. http://www.hrbeu.edu.cn/youxiang   B. FTP://www.hrbeu.edu.cn/youxiang

C. youxiang@ hrbeu.edu.cn   D. http://youxiang.hrbeu.edu.cn

3. 在发送电子邮件时,我们必须知道对方的( )

A. 家庭住址   B. 邮箱密码   C. 电子邮箱地址   D. 电子邮箱的名称

4 在下列关于电子邮件的描述中,正确的是( )

A. 不能给自己发邮件

B. 如果地址正确,收件方一定能收到邮件

C. 一封信只能发给一个人

D. 发信时可以密送邮件给第二个人

5. 下面应用中,不属于 P2P 应用范畴的是( )

A. 电驴软件下载   B. Skype 网络电话

C. PPstream 网络视频   D. 12306 网上售票系统

二、填空题

1. 在 SNMP 网络管理体系中一般采用_____模型。

2. FTP 应用要求客户进程与服务器进程建立两条链接分别用于_____和传输文件。

3. DNS 功能是把_____转换为 IP 地址。

4. WWW 的中文名称为_____。

5. www 上的每一个网页都有一个独立的地址,这些地址称为_____。

三、简答题

1. 互联网的域名结构是怎么样的? 它与目前的电话网的号码结构有何异同之处?

2. 域名系统的主要功能是什么? 域名系统中的本地域名服务器、根域名服务器、顶级域名服务器以及权限域名服务器有何区别?

3. 举例说明域名转换的过程。域名服务器中的高速缓存的作用是什么?

4. 设想有一天整个互联网的 DNS 系统都瘫痪了,试问还有可能给朋友发送电子邮件吗?

5. 简述 SMTP 通信的三个阶段过程。

6. 简述邮局协议 POP 的工作过程。在电子邮件中,为什么需要使用 POP 和 SMTP 这两个协议? IMAP 和 POP 有何区别?

7. MIME 和 SMTP 的关系是怎样的? 什么是 quoted-printable 编码和 base 64 编码?

8. 对两进程之间的通信会话而言,哪个进程是客户机,哪个进程是服务器?

9. 对 P2P 文件共享应用,你同意"一个通信会话不存在客户机端和服务器端的概念"这种说法吗? 为什么?

第8章 局域网技术

局域网(Local Area Network,LAN)是在一个较小范围内将各种通信设备和计算机互连起来以实现资源共享和信息交换的计算机网络。局域网是在 20 世纪 70 年代末发展起来的,并且在计算机网络中占有非常重要的地位。在局域网刚出现时,相比于广域网,其具有较高的数据率、较低的时延和较小的误码率。但随着光纤技术在广域网中的普遍使用,现在广域网也具有很高的数据率和很低的误码率。

8.1 介质控制子层

从传输技术上,计算机网络分为广播网络和点到点网络两大类。对应于数据链路层,分为广播链路(broadcast link)和点对点链路(point-to-point link)。点对点链路由链路一端的单个发送方和链路另一端的单个接收方组成。点对点链路中的访问控制容易实现,可以使用通信协议保证任何时刻都只有一个网络节点在使用网络。许多链路层的协议都是为点对点链路设计的,例如点对点协议和高级数据链路控制就是两种这样的协议。在广播链路中,所有网络节点共享同一个通信信道,所有节点都能收到其他节点发送的数据,这必然存在着信道争用的情况。如果有两个或多个网络节点同时发送数据,则数据信号会在信道中发生碰撞,导致数据发送失败,这个过程称为冲突(collision)。因此,链路层有这样的一个重要的问题,如何协调多个发送和接收节点对一个共享广播信道的访问,这也就是多路访问问题。

广播信道有时也被称为多路访问信道(multiaccess channel)或随机访问信道(random channel),通信信道又称介质。网络节点使用信道进行通信称为介质访问,协调各网络节点的行为、决定广播信道使用权的协议就称为介质访问控制协议。在广播网中,不同的传输介质、不同的网络拓扑结构,所采用的介质访问控制协议也不尽相同。为此,在数据链路层专门设计了一个介质访问控制(Medium Access Control,MAC)子层,用来实现广播网中的信道分配,解决信道争用问题。点到点网络中没有 MAC 子层的概念。

绝大部分的局域网都以广播信道作为通信的基础,因此,介质访问控制子层对于局域网技术来说尤为重要。

8.1.1 信道分配策略

广播信道的分配策略主要包括静态分配策略和动态分配策略两大类。

1.静态分配策略

静态分配策略包括时分多路复用(TDM)和频分多路复用(FDM),这种分配策略是预先将频带或时隙固定地分配给各个网络节点,各节点都有自己专用的频带或时隙,彼此之间不会产生干扰。静态分配策略适用于网络节点少而固定,且每个节点都有大量数据需要发送的场合。此时采用静态分配策略不仅控制协议简单,而且信道利用率高。

但对于大部分的计算机网络来说,节点数量多且不固定,随时可能会有节点退出或加入网络,同时网络节点之间的数据传输也具有突发性的特点。如果采用静态分配策略进行信道的分配,既不容易实现,信道的利用率也低,这时应采用动态分配策略。

2. 动态分配策略

动态分配策略包括随机访问和控制访问,本质上属于异步时分多路复用。当各网络节点有数据需要发送时,才占用信道进行数据传输。

随机访问又称为争用,各个网络节点在发送前不需要申请信道的使用权,有数据就发送,发生碰撞后再采取措施解决。随机访问适用于负载较轻的网络,其信道利用率一般不高,但网络延迟时间较短。

控制访问有两种方法:轮转和预约。轮转是使每个网络节点轮流获得信道的使用权,没有数据要发送的节点将使用权传给下一节点;预约是各个网络节点首先声明自己有数据要发送,然后根据声明的顺序依次获得信道的使用权来发送数据。无论是轮转还是预约,都使发送节点首先获得信道的使用权,然后再发送数据,因而不会出现碰撞和冲突。当网络负载较重时,采用控制访问,可以获得很高的信道利用率。

在理想情况下,对于速率为 R b/s 的广播信道,多路访问协议应该具有以下所希望的特性。

(1)当仅有一个节点有数据发送时,该节点具有 R b/s 的吞吐量。

(2)当有 M 个节点要发送数据时,每个节点吞吐量为 R/M b/s。这不必要求 M 节点中的每一个节点总是有 R/M b/s 的瞬间速率,而是每个节点在一些适当定义的时间间隔内应该有 R/M b/s 的平均传输速率。

(3)协议是分散的,使系统不会因为其中某主节点的故障而崩溃。

(4)协议是简单的,使实现不会代价昂贵。

8.1.2　介质访问控制协议

1. 信道划分协议

时分多路复用(TDM)和频分多路复用(FDM)是两种能够用于所有共享信道节点之间划分广播信道带宽的技术。举例来说,假设一个支持 N 个节点的信道且信道的传输速率为 R b/s。TDM 将时间划分为时间帧,并进一步划分每个时间帧为 N 个时隙(slot)(不应当把 TDM 时间帧与在发送和接收适配器之间交换的链路层数据单元相混淆,后者也被称为帧。为了减少混乱,在本小节中我们将链路层交换的数据单元称为分组)。然后把每个时隙分配给 N 个节点中的一个。无论何时某个节点在有分组要发送的时候,它在循环的 TDM 帧中指派给它的时隙内传输分组比特。通常,选择的时隙长度应使一个时隙内能够传输单个分组。类似鸡尾酒会中,一个采用 TDM 规则的鸡尾酒会将允许每个聚会客人在固定的时间段发言,然后再允许另一个聚会客人发言同样时长,以此类推,一旦每个人都有了说话机会,将不断重复着这种模式。

TDM 是有吸引力的,因为它消除了碰撞而且非常公平,每个节点在每个帧时间内得到了专用的传输速率 R/N b/s。然而,它有两个主要缺陷。首先,节点被限制于 R/N b/s 的平均速率,即使当它是唯一有分组要发送的节点时;其次,节点必须总是等待它在传输序列中的轮次,即使它是唯一一个有帧要发送的节点。想象一下某聚会客人是唯一一个有话要说的人的情形(并且想象一下这种十分罕见的情况,即酒会上所有的人都想听某一个人说话)。显然,一种多路访问协议用于这个特殊聚会时,TDM 是一种很糟的选择。

TDM 在时间上共享广播信道,而 FDM 将 R b/s 信道划分为不同的频段(每个频段具有 R/N 带宽),并把每个频率分配给 N 个节点中的一个。因此 FDM 在单个较大的 R b/s 信道中创建了 N 个较小的 R b/s 信道。FDM 也有 TDM 同样的优点和缺点。它避免了碰撞,在 N 个节点之间公平地划分了带宽。然而,FDM 也有 TDM 所具有的主要缺点,也就是限制一个节点只能使用 RIN 的带宽,即使当它是唯一一个有分组要发送的节点时。

2. 随机接入协议

第二大类多访问协议是随机接入协议。在随机接入协议中,一个传输节点总是以信道的全部速率(即 R b/s)进行发送。当有碰撞时,涉及碰撞的每个节点反复地重发它的帧(也就是分组),到该帧无碰撞地通过为止。但是当一个节点经历一次碰撞时,它不必立刻重发该帧。相反,它在重发该帧之前等待一个随机时延。涉及碰撞的每个节点独立选择随机时延。因为该随机时延是独立选择的,所以下述现象是有可能发生的,这些节点之一所选择的时延充分小于其他碰撞节点的时延,并因此能够无碰撞地将它的帧在信道中发出。

文献中描述的随机接入协议即使没有上百种也有几十种。在本节中,我们将描述一些最常用的随机接入协议,即时隙 ALORA 协议和载波侦听多路访问(CSMA)协议。以太网是一种流行并广泛部署的 CSMA 协议。

(1)时隙 ALOHA 协议

我们以最简单的随机接入协议之一——时隙 ALOHA 协议,开始我们对随机接入协议的学习。在对时隙 ALOHA 的描述中,我们做下列假设。

①所有帧由 L 比特组成。

②时间被划分成长度为 L/R 秒的时隙(这就是说,一个时隙等于传输一帧的时间)。

③节点只在时隙起点开始传输帧。

④节点是同步的,每个节点都知道时隙何时开始。

⑤如果在一个时隙中有两个或者更多个帧碰撞,则所有节点在该时隙结束之前检测到该碰撞事件。

⑥令 p 是一个概率,即一个在 0 和 1 之间的数。在每个节点中,时隙 ALOHA 的操作是简单的。

⑦当节点有一个新帧要发送时,它等到下一个时隙开始并在该时隙传输整个帧。

⑧如果没有碰撞,该节点成功地传输它的帧,从而不需要考虑重传该帧。(如果该节点有新帧,它能够为传输准备一个新帧。)

⑨如果有碰撞,该节点在时隙结束之前检测到这次碰撞。节点以概率 p 在后续的每个时隙中重传它的帧,直到该帧被无碰撞地传输出去。

我们说以概率 p 重传,是指某节点有效地投掷一个有偏倚的硬币,硬币正面事件对应着重传,而重传出现的概率为 p。硬币反面事件对应着"跳过这个时隙,在下个时隙再掷硬币"这个事件以概率(1 - p)出现。所有涉及碰撞的节点独立地投掷它们的硬币。时隙 ALOHA 看起来有很多优点。与信道划分不同,当某节点是唯一活跃的节点时(一个节点如果有帧要发送就认为它是活跃的),时隙 ALOHA 允许该节点以全速 R 连续传输。时隙 ALOHA 也是高度分散的,因为每个节点检测碰撞并独立地决定什么时候重传。然而,时隙

ALOHA 的确需要在节点中对时隙同步;我们很快将讨论 ALOHA 协议的一个不分时隙的版本以及 CSMA 协议,这两种协议都不需要这种同步时隙 ALOHA 也是一个极为简单的协议。

当只有一个活跃节点时,时隙 ALOHA 工作出色,但是当有多个活跃节点时效率又将如何呢? 这里有两个要考虑的效率问题。第一个考虑是,如图 8 - 1 所示,当有多个活跃节点时,一部分时隙将有碰撞,因此将被"浪费"掉。第二个考虑是,时隙的另一部分将是空闲的,因为所有活跃节点由于概率传输策略会节制传输,唯一"未浪费的"时隙是那些刚好有一个节点传输的时隙。刚好有一个节点传输的时隙称为一个成功时隙(successful slot)。时隙多路访问协议的效率定义为当有大量的活跃节点且每个节点总有大量的帧要发送时,长期运行中成功时隙的份额。注意到如果不使用某种形式的访问控制,而且每个节点都在每次碰撞之后立即重传,这个效率将为零。时隙 ALOHA 显然增加了它的效率,使之大于零,但是效率增加了多少呢?

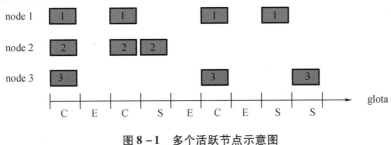

图 8 - 1　多个活跃节点示意图

C = 碰撞事件;S = 成功时隙;E = 空间时隙

现在继续讨论时隙 ALOHA 最大效率的推导过程。为了保持该推导简单,可对协议做一点修改,假设每个节点试图在每个时隙以概率 p 传输一帧。也就是说,我们假设每个节点总有帧要发送,而且节点对新帧和已经经历一次碰撞的帧都以概率 p 传输。假设有 N 个节点,则一个给定时隙是成功时隙的概率为节点之一传输而余下的 $N-1$ 个节点不传输的概率。一个给定节点传输的概率是 p,剩余节点不传输的概率是 $(1-p)^{N-1}$。因此,一个给定节点成功传送的概率是 $p(1-p)^{N-1}$。因为有 N 个节点,任意一个节点成功传送的概率是 $Np(1-p)^{N-1}$。

因此,当有 N 个活跃节点时,时隙 ALOHA 的效率是 $Np(1-p)^{N-1}$。为了获得 N 个活跃节点的最大效率,我们必须求出使这个表达式最大化的 p^*。而且对于大量活跃节点,为了获得最大效率,当 N 趋于无穷时,我们取 $Np^*(1-p^*)^{N-1}$ 的极限。在完成这些计算之后,我们会发现这个协议的最大效率为 $1/e=0.37$。也就是说,当有大量节点有很多帧要传输时,则最多有 37% 的时隙在做有用的工作。因此,该信道有效传输速率不是 R b/s,而仅为 0.37R b/s。相似的分析还表明 37% 的时隙是空闲的,26% 的时隙有碰撞的。试想一个蹩脚的网络管理员购买了一个 100 Mb/s 的时隙 ALOHA 系统,希望能够使用网络在大量的用户之间以总计速率如 80 Mb/s 来传输数据,尽管这个信道能够以信道的全速 100 Mb/s 传输一个给定的帧,但从长时间范围看,该信道的成功吞吐量将小于 37 Mb/s。

时隙 ALOHA 协议要求所有的节点同步它们的传输,以在每个时隙开始时开始传输。第一个 ALOHA 协议实际上是一个非时隙、完全分散的协议。在纯 ALOHA 中,当一帧首次到达,即一个网络层数据报在发送节点从网络层传递下来时,节点立刻将该帧完整地传输进广播信道。如果一个传输的帧与一个或多个传输经历了碰撞,这个节点将立即(在完全传输完它的碰撞帧之后)以概率 p 重传该帧。否则,该节点等待一个帧传输时间,在此等待之后,它则以概率 p 传输该帧,或者以概率 $1-p$ 在另一个帧时间等待(保持空闲)。

为了确定纯 ALOHA 的最大效率,我们关注某个单独的节点。我们的假设与在时隙 ALOHA 分析中所做的相同,取帧传输时间为时间单元。在任何给定时间,某节点传输一个帧的概率是 p。假设该帧在时刻 t_0 开始传输,如图 8-2 所示,为了使这帧能成功地传输,在时间间隔$[t_0-1,t_0]$中不能有其他节点开始传输。这种传输将与节点 i 的帧传输起始部分相重叠。所有其他节点在这个时间间隔不开始传输的概率是$(1-p)^{N-1}$。类似地,当节点 i 在传输时,其他节点不能开始传输,因为这种传输将与节点 i 传输的后面部分相重叠。所有其他节点在这个时间间隔不开始传输的概率也是$(1-p)^{N-1}$。因此,一个给定的节点成功传输一次的概率是 $p(1-p)^{2(N-1)}$。通过与时隙 ALOHA 情况一样来取极限,我们求得纯 ALOHA 协议的最大效率仅为 $1/(2e)$,这刚好是时隙 ALOHA 的一半。这就是完全分散的 ALOHA 协议所要付出的代价。

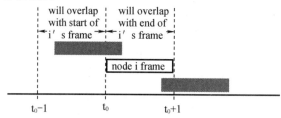

图 8-2 纯 ALOHA 协议

(2)载波侦听多路访问(CSMA)

在时隙和纯 ALOHA 中,一个节点传输的决定独立于连接到这个广播信道上的其他节点的活动。特别是一个节点不关心在它开始传输时是否有其他节点碰巧在传输,而且即使有另一个节点开始干扰它的传输也不会停止传输。在我们的鸡尾酒会类比中,ALOHA 协议非常像一个粗野的聚会客人,他喋喋不休地讲话而不顾是否其他人在说话。作为人类,我们有人类的协议,它要求我们不仅要更为礼貌,而且在谈话中要减少与他人"碰撞"的时间,从而增加我们谈话中交流的数据量。具体而言,有礼貌的人类谈话有两个重要的规则。

①说话之前先听。如果其他人正在说话,等到他们说完话为止。在网络领域中,这被称为载波侦听(carrier sensing),即一个节点在传输前先听信道。如果来自另一个节点的帧正向信道上发送,节点则等待直到检测到一小段时间没有传输,然后开始传输。

②如果与他人同时开始说话,停止说话。在网络领域中,这被称为碰撞检测(collision detection),即当一个传输节点在传输时一直在侦听此信道。如果它检测到另一个节点正在传输干扰帧,它就停止传输,在重复"侦听-当空闲时传输"循环之前等待一段随机时间。

这两个规则包含在载波侦听多路访问(Carrier Sense Multiple Access,CSMA)和具有碰撞检测(CSMA With Collision Detection,CSMA/CD)的协议族中。人们已经提出了 CSMA 和 CSMA/CD 的许多变种。这里,将考虑一些 CSMA 和 CSMA/CD 最重要的和基本的特性。

关于 CSMA 存在的第一个问题是,如果所有的节点都进行载波侦听了,为什么当初会发生碰撞? 毕竟,某节点无论何时侦听到另一个节点在传输,它都会停止传输。对于这个问题的答案最好能够用时空图来说明。如图 8-3 所示,也显示了连接到一个线状广播总线的 4 个节点 A、B、C、D 的时空图。横轴表示每个节点在空间的位置;纵轴表示时间。

在时刻 t_0，节点 B 侦听到信道是空闲的，因为当前没有其他节点在传输。因此，节点 B 开始传输，沿着广播媒体在两个方向上传播它的比特。图 8 - 3 中 B 的比特随着时间的增加便向下传播，这表明 B 的比特沿着广播媒体传播所实际需要的时间不是零，虽然以接近光的速度。在时刻 t_1（$t_1 > t_0$），节点 D 有一个帧要发送。尽管节点 B 在时刻 t_1 正在传输，但 B 传输的比特还没有到达 D，因此，D 在 t_1 侦听到信道空闲。根据 CSMA 协议，从而 D 开始传输它的帧。一个短暂的时间之后，B 的传输开始在干扰 D 的传输。由图 8 - 3 中可以看出，显然广播信道的端到端信道传播时延（channel propagation delay）（信号从一个节点传播到另一个节点所花费的时间）在决定其性能方面起着关键的作用。该传播时延越长，载波侦听节点不能侦听到网络中另一个节点已经开始传输的机会就越大。

如图 8 - 3 所示，节点没有进行碰撞检测，即使已经出现了碰撞，B 和 D 都将继续完整地传输它们的帧。当某节点执行碰撞检测时，一旦它检测到碰撞将立即停止传输。图 8 - 3 表示了和图 8 - 2 相同的情况，只是这两个节点在检测到碰撞后很短的时间内部放弃了它们的传输。显然，在多路访问协议中加入碰撞检测，通过不传输一个无用的、损坏的（由来自另一个节点的帧干扰）帧，将有助于改善协议的性能。

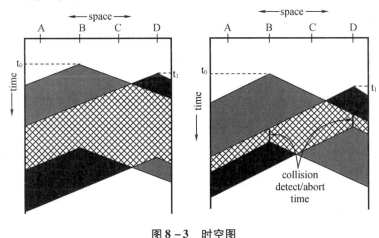

图 8 - 3 时空图

在分析 CSMA/CD 协议之前，我们现在从与广播信道相连的适配器的角度总结它的运行。

（1）适配器从网络层获得一条数据报，准备数据链路层帧，并将其放入帧适配器缓存中。

（2）如果适配器侦听到信道空闲（即元信号能量从信道进入适配器），它开始传输帧。在另一方面，如果适配器侦听到信道正忙，它将等待，直到侦听到没有信号能量时才开始传输帧。

（3）在传输过程中，适配器监视来自其他使用该广播信道的适配器的信号能量的存在。

（4）如果适配器传输整个帧而未检测到来自其他适配器的信号能量，该适配器就完成了该帧。在另一方面，如果适配器在传输时检测到来自其他适配器的信号能量，它中止传输（即它停止了传输帧）。

（5）中止传输后，适配器等待一个随机时间量，然后返回步骤（2）。

等待一个随机而不是固定的时间量的需求是明确的，如果两个节点同时传输帧，然后这两个节点等待相同固定的时间量，它们将持续碰撞下去。但选择随机回退时间的时间间隔多大为好呢？一方面，如果时间间隔大而碰撞节点数量小，在重复"侦听－当空闲时传输"的步骤前，节点很可能等待较长的时间使信道保持空闲；另一方面，如果时间间隔小而碰撞节点数量大，很可能选择的随机值将几乎相同，传输节点将再次碰撞。因此，时间间隔应该这样：当碰撞节点数量较少时，时间间隔较短；当碰撞节点数量较大时，时间间隔较长。

用于以太网以及 DOCSIS 电缆网络多路访问协议 DOCSIS 2011 中的二进制指数后退（binary exponential backoff）算法，简练地解决了这个问题。特别是当传输一个给定帧时，在该帧经历了一连串的几次碰撞后，节点随机地从 $\{0,1,2,\cdots,2^n-1\}$ 中选择一个 K 值。因此，一个帧经历的碰撞越多，K 选择的间隔越大。对于以太网，一个节点等待的实际时间量是 $K \times 512$ 比特时间（即发送 512 比特进入以太网所需时间量的 K 倍），n 能够取的最大值在 10 以内。

举一个例子，假设一个适配器首次尝试传输一个帧，并在传输中它检测到碰撞。然后该节点以概率 0.5 选择 $K=0$，以概率 0.5 选择 $K=1$。如果该节点选择 $K=0$，则它立即开始侦听信道。如果这个适配器选择 $K=1$，它在开始"侦听－当空闲时传输"。周期前等待 512 比特时间（例如，对于 100 Mb/s 以太网来说为 512 ms）。在第 2 次碰撞之后，从 $\{0,1,2,3\}$ 中等概率地选择 K。在第 3 次碰撞之后，从 $\{0,1,2,\cdots,7\}$ 中等概率地选择 K。在 10 次或更多次碰撞之后，从 $\{0,1,2,\cdots,1023\}$ 中等概率地选择 K。因此，从中选择 K 的集合长度随着碰撞次数呈指数增长；正是由于这个原因，该算法被称为二进制指数后退。

这里还要注意到，每次适配器准备传输一个新的帧时，它要运行 CSMA/CD 算法。不考虑近期过去的时间内可能已经发生的任何碰撞。因此，当几个其他适配器处于指数后退状态时，有可能一个具有新帧的节点能够立刻插入一次成功的传输。

3. 轮流协议

前面讲过多路访问协议的两个理想特性，一是当只有一个节点活跃时，该活跃节点具有 R b/s 的吞吐量；二是当 M 个节点活跃时，每个活跃节点的吞吐量接近 R/M b/s。ALOHA 和 CSMA 协议具备第一个特性，但不具备第二个特性。这激发研究人员创造另一类协议，也就是轮流协议（taking-tums protocol）。与随机接入协议一样，有几十种轮流协议，其中每一个协议又都有很多变种。这里要讨论两种比较重要的协议，其中第一种是轮询协议（polling protocol）。轮询协议要求这些节点之一要被指定为主节点，主节点以循环的方式轮询（poll）每个节点。特别是主节点首先要向节点 1 发送一个报文，告诉它（节点 1）能够传输的帧的最多数量。在节点 1 传了某些帧后，主节点告诉节点 2，节点 2 能够传输的帧的最多数量。主节点能够通过观察在信道上是否缺乏信号，来决定一个节点何时完成了帧的发送。上述过程以这种方式继续进行，主节点以循环的方式轮询了每个节点。轮询协议消除了困扰随机接入协议的碰撞和空时隙，这使得轮询取得很高的效率。但是它也有一些缺点，第一个缺点是该协议引入了轮询时延，即通知一个节点"它可以传输"所需的时间，例如，如果只有一个节点是活跃的，那么这个节点将以小于 R b/s 的速率传输，因为每次活跃节点发送了它最多数量的帧时，主节点必须依次轮询每一个非活跃的节点；第二个缺点可能更为严重，就是如果主节点有故障，整个信号都变得不可操作。第二种轮流协议是令牌传递协议，在这种协议中没有主节点。一个称为令牌的小的特殊帧在节点之间以某种固定的次序进行交换。例如，节点 1 可能总是把令牌发送给节点 2，节点 2 可能总是把令牌发送给节点 3，而节点 N 可能总是把令牌发送给节点 1。当一个节点收到令牌时，仅当它有一些帧要发送时，它才持有这个令牌，否则，它立即向下一个节点转发该令牌。当一个节点收到令牌时,如果它确实有帧要传输,它发送最大数目的帧数,然后把令牌转发给下一个节点。令牌传递是分散的,并有很高的效率,但是它也有自己的一些问题,例如,一个节点的故障可能会使整个信道崩溃,或者如果一个节点偶然忘记了释放令牌,则必须调用某些恢复步骤使令牌返回到循环中来。经过多年,人们已经开发了许多令牌传递协议,包括光纤分布式数据接口(FDDI)协议和 IEEE 802.5 令牌环协议,每一种都必须解决这些和其他一些棘手的问题。

8.2　IEEE 802 标准与局域网

局域网的标准化工作,能使不同生产厂家的局域网产品之间有更好的兼容性,以适应各种不同型号计算机的组网需求,并有利于产品成本的降低。国际上从事局域网标准化工作的机构主要有国际标准化组织 ISO、美国电气电子工程师学会 IEEE 的 802 委员会、欧洲计算机制造商协会 ECMA、美国国家标准 NBS、美国电子工业协会 EIA、美国国家标准化协会 ANSI 等。IEEE 于 1980 年 2 月成立了一个局域网标准化委员会——IEEE 802 委员会来统一制定局域网的有关标准,这些标准统称为 IEEE 802 标准。IEEE 802 标准已被 ANSI 接受为美国国家标准,随后又被 ISO 采纳,作为局域网的国际标准系列,称为 ISO 8802 标准。

8.2.1　IEEE 802 标准概述

局域网是一个通信网络,只涉及相当于 OSI/RM 通信子网的功能。由于内部大多采用共享信道的技术,因此,局域网通常不单独设立网络层。局域网的高层功能则由具体的局域网操作系统来实现。

IEEE 802 参考模型与 OSI/RM 的对应关系如图 8 - 4 所示,该模型包括了 OSI/RM 最低两层(物理层和链路层)的功能,同时也包括网间互联的高层功能和管理功能。由图 8 - 4 中可见,OSI/RM 的数据链路层功能,在局域网参考模型中被分为介质访问控制(Medium Access Control,MAC)和逻辑链路控制(Logical Link Control,LLC)两个子层。

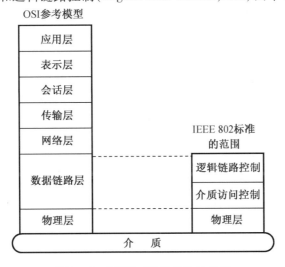

图 8 - 4　OSI 和 IEEE 802 的关系

在 ISO/RM 中,物理层、数据链路层和网络层使得计算机网络具有报文分组转接的功能。对于局域网来说,物理层是必需的,它负责体现机械、电气过程方面的特性,以建立、维持和拆除物理链路;数据链路层也是必需的,它负责把不可靠的传输信道转换为可靠的传输信道,传送带有校验的数据帧,采用差错控制和帧确认技术。

但是,局域网中的多个设备一般共享公共传输介质,在设备之间传输数据时,首先要解决由哪些设备占有介质的问题。因此,局域网的数据链路层必须设置介质访问控制功能。由于局域网采用的介质有多种,对应的介质访问控制方法也有多种,为了使数据帧的传送独立于所采用的物理介质和介质访问控制方法,IEEE 802 标准特意把 LLC 独立出来形成了一个单独的子层,使 LLC 子层与介质无关,仅让 MAC 子层依赖于物理介质。由于设立了 MAC 子层,IEEE 802 标准就具有了可扩充性,有利于接纳新的介质和介质访问控制方法。

由于穿越局域网的链路只有一条,不需要设立路由选择和流量控制功能,例如,网络层中的分组寻址、排序、流量控制、差错控制等功能都可以放在数据链路层中实现。因此,局域网中可以不单独设置网络层。当局限于一个局域网时,物理层和数据链路层就能完成报文分组转接的功能,但当设计到网络互联时,报文分组就必须经过多条链路才能到达目的地,此时就必须专门设置一个层次来完成网络层的功能,在 IEEE 802 标准中这一层被称为网际层。

在参考模型中,每个实体和另一个系统的同等实体按照协议进行通信,而一个系统中上下层之间的通信则需要通过接口进行,并用服务访问点(Service Access Point,SAP)来定义接口,为多个高层实体提供支持。在 LLC 层的顶部有多个 LLC 服务访问点(LSAP),为实体提供接口;在网际层的顶部有多个网间服务访问点(NSAP),为实体提供接口端;介质访问控制服务访问点(MSAP)向 LLC 实体提供单个接口端。其中,物理服务访问点也向 MAC 实体提供单个接口端。

LLC 子层中规定了无确认无连接、有确认无连接和面向连接三种类型的链路服务。无确认无连接服务是一种数据服务,信息帧在 LLC 实体间交换时,无须在同等层实体间实现建立逻辑链路,对这种 LLC 帧既不确认也无任何流量控制或差错恢复;有确认无连接服务除了对 LLC 帧进行确认外,其他类似于无确认无连接服务;面向连接服务提供服务访问点之间的虚电路服务,在任何信息帧交换前,一对 LLC 实体之间必须建立逻辑链路,在数据传送的过程中,信息帧依次发送,并提供差错恢复和流量控制功能。

MAC 子层在支持 LLC 子层完成介质访问控制功能时,可以提供多个可供选择的介质访问控制方式,使用 MSAP 支持 LLC 子层时,MAC 子层实现帧的寻址和识别。MAC 到 MAC 的操作通过同等层协议来进行,MAC 还产生帧检验序列和完成帧检验等功能。

将数据链路层分为两个子层,只要设计合理,使得 MAC 子层向上提供统一的服务接口,就能将底层的实现细节完全屏蔽掉,局域网对于 LLC 子层来说是透明的,只有到 MAC 子层才能看到所连接的是采用什么标准的局域网。也就是说,对于不同的物理网络,其 LLC 子层是相同的,数据帧的传送完全独立于所采用的物理介质和介质访问控制方法,网络层以上的协议可以运行于任何一种 IEEE 802 标准的局域网上。这种分层方法也使得 IEEE 802 标准具有良好的可扩充性,可以很方便地接纳新的传输介质以及介质控制方法。

IEEE 802 委员会设立若干个工作组,每个工作组负责一个标准。这些标准中,根据局域网的多种类型,规定了各自的拓扑结构、介质访问控制方法、帧的格式和操作等内容。目前,主要的 IEEE 802 标准包括以下几个内容。

IEEE 802.1 是局域网的体系结构、网络管理和网际互连协议。IEEE 802.2 集中了数据链路层中与介质无关的 LLC 协议。涉及与介质访问有关的协议,则根据具体网络的介质访问控制方法分别处理,其中主要的 MAC 协议有 IEEE 802.3 载波监听多路访问、冲突检测 CSMA/CD 访问方法和物理层协议、IEEE 802.4 令牌总线访问方法和物理层协议、IEEE 802.5 令牌环访问方法和物理层协议;IEEE 802.6 关于城域网的分布式队列双总线(distributed queue dual bus,DQDB)的标准等。

8.2.2　IEEE 802 与以太网

以太网是美国施乐公司的 Palo Alro 研究中心(简称为 PARC)于 1975 年研制成功的。那时,以太网是一种基带总线局域网,当时的数据率为 2.94 Mb/s。以太网用无源电缆作为总线来传送数据帧,并以曾经在历史上表示传播电磁波的以太(Ether)来命名。1976 年 7 月,Metcalfe 和 Boggs 发表他们的以太网里程碑论文。1980 年 9 月,DEC 公司、英特尔(Intel)公司和施乐公司联合提出了 10 Mb/s 以太网规约的第一个版本 DIX V1(DIX 是这三个公司名称的缩写)。1982 年又修改为第二版规约,实际上也就是最后的版本,即 DIX Ethernet V2,成为世界上第一个局域网产品的规约。

在此基础上,IEEE 802 委员会的 802.3 工作组于 1983 年制定了第一个 IEEE 的以太网标准 IEEE 802.3,数据率为 10 Mb/s。802.3 局域网对以太网标准中的帧格式做了很小的一点更动,但允许基于这两种标准的硬件可以在同一个局域网上互相操作。以太网的两个标准 DIX Ethernet V2 于 IEEE 802.3 标准只有很小的差别,因此,很多人也常把 802.3 局域网简称为"以太网"。严格来说,"以太网"应当是指符合 DIX Ethernet V2 标准的局域网。

出于有关厂商在商业上的激烈竞争,IEEE 802 委员会未能形成一个统一的、最佳的局域网标准,而是被迫制定了几个不同的局域网标准,例如 802.4 令牌总线网、802.5 令牌环网等。为了使数据链路层能更好地适应多种局域网标准,IEEE 802 委员会就把局域网的数据链路层拆成了两个子层,即逻辑链路控制 LLC 子层和介质访问控制 MAC 子层。与接入到传输介质有关的内容都放在 MAC 子层,而 LLC 子层则与传输媒体无关,不管采用何种传输介质和 MAC 子层的局域网对 LLC 子层来说都是透明的。

然而到了 20 世纪 90 年代后,激烈竞争的局域网市场逐渐明朗。以太网在局域网市场中已取得了垄断地位,并且几乎成为了局域网的代名词。由于互联网发展很快而 TCP/IP 体系经常使用的局域网只剩下 DIX Ethernet V2,而不是 IEEE 802.3 标准中的局域网。因此,现在 IEEE 802 委员会制定的逻辑控制子层 LLC,即 IEEE 802.2 标准的作用已经消失了,很多厂商生产的适配器上仅装有 MAC 协议而没有 LLC 协议。

8.3　高速局域网

在目前局域网中,传输速率大于 100 Mb/s 的网络可以称作高速局域网。在这方面,已经采用的网络技术主要有千兆以太网和 ATM,还有正处试验阶段的万兆以太网。由于千兆以太网拥有成本低、互联性好和支持厂家多等优势,它已成为建设高速局域网的主流技术。常见的高速局域网有 FDDI 光纤环网、100 BASE-T 高速以太网、千兆位以太网、10 Gb/s 以太网等。

8.3.1　高速总线网

1. 快速以太网

快速以太网(fast ethemet)局域网标准于 1995 年由原来制定以太网标准的 IEEE 802.3 工作组完成,它为广大以太网用户提供了一个平滑升级的方案。快速以太网正式名为 100 BASE-T。快速以太网是在传统以太网基础上发展的,因此,它不仅保持相同的以太帧格式,而且还保留了用于以太网的 CSMA/CD 介质访问控制方式。它与 10 BASE-T 一样采用了 IEEE 802.3 CSMA/CD 的 MAC 子层,并具有同样的星形拓扑结构。由于快速以太网的速率比普通以太网提高了 10 倍,因此,快速以太网中的桥接器、路由器和交换机都与普通以太网不同,它们具有更快的速度和更小的延时,100 BASE-T 与 10 BASE-T 的比较见下表8－1。

表 8－1　100 BASE-T 与 10 BASE-T 比较

比较项目	100 BASE-T	10 BASE-T
速率	100 Mb/s	10 Mb/s
支持标准	IEEE 802.3U	IEEE 802.3
介质访问控制方式	CSMA/CD	CSMA/CD
拓扑结构	星形	星形、总线
支持的介质	UPT 和光纤	同轴电缆、UTP 和光纤
集线器/站点	100 m	100 m

100 BASE-T 快速以太网具有以下特点。

(1)高速率。

(2)可采用所有一般的以太网做媒体网线,从而保护了现有网络投资,无须改变网线。

(3)采用现在流行的简单网络管理协议 SNMP 的网管软件和以太网管理信息库(以太 MIB),因此,完全兼容于现有的网管产品。

(4)由于采用 CSMA/CD 协议,可与 10 BASE-T 并行工作,避免协议转换造成的系统开销,因此效率更高。

(5)标准化已经形成,而代价却是比较低廉的。

2. 千兆以太网

千兆以太网和以太网一样,采用 CSMA/CD 协议、相同的帧格式和相同的帧长度。它具有以下几个优点。

(1)简单、直接地转移到高性能平台。

(2)以太网帧格式。

(3)全双工和半双工方式。

千兆以太网的技术标准为 IEEE 802.3z 和 IEEE 802.3ab 标准。千兆位以太网对介质访问控制层规范进行了重新定义,以维持适当的网络传输距离,但介质访问控制方法仍采用 CSMA/CD,并且重新定义了物理层标准,使之能够提供 1000 Mb/s 的原始带宽。在物理层,千兆位以太网支持下列传输介质:多模光纤、单模光纤、宽带同轴电缆以及 5 类以上 UTP。

100 VG-AnyLan：有关的标准化工作由 IEEE 802.12 进行，该标准采用请求优先协议（Demand Priority Protocol，DPP）的 MAC 协议，提供 100 Mb/s 的数据传输速率。100 VG-AnyLan 技术支持全部网络设计规范和 10 BASE-T 以太网及令牌环网的拓扑结构。

100 VG-AnyLan 具有以下几个特点。

（1）采用请求优先技术，这种技术可以在用户的要求宽带的情况下一直保持，直到这一任务完成为止。

（2）按照 100 VG-AnyLan 的方案，几乎没有冲突发生，因此具有较好的带宽利用率。

（3）可以在 3 类非屏蔽双绞线上传输，这就意味着用户无须进行电缆更换就可以实现该项技术，但这种技术需要占用所有的四对导线。

（4）采用单一接口控制设备实现了高速传输。

8.3.2 光纤分布式数据接口（FDDI）

光纤分布式数据接口是一种用于高速局域网的媒体访问控制标准。该标准由美国国家标准协会（ANSI）在 20 世纪 80 年代确定的，其标准号为 ANSI X3T9.5。

光纤分布数据接口主要部件有光纤光缆、FDDI 适配器、FDDI 适配器与光纤相连的连接器等，如图 8 - 5 所示。

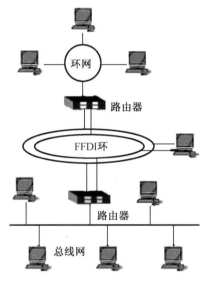

图 8 - 5 ANSI X3T9.5

如图 8 - 6 所示是 FDDI 所示的结构示意图，对于 FDDI 来说，我们可以从它的示意图上看到它是双环结构，可靠性要好许多。如果两个环坏了一个，另一个还能顶替上来，如果两个环都坏了，那这四个断点可以相互连接，构成新的环，不过这是一个单环，它的可靠性要好许多。

FDDI 的工作方式建立在小令牌帧的基础上，当所有站都空闲时，小令牌帧沿环运行。当某一站有数据要发送时，必须等待有令牌通过是才可发送。一旦识别出有用的令牌，该站便将其吸收，随后可发送一帧或多帧。这时环上没有令牌环，便在环上插入一新的令牌，不必像 802.5 令牌那样，只有收到自己发送的帧后才能释放令牌。因此，任一时刻环上可能会有来自多个站的帧运行。

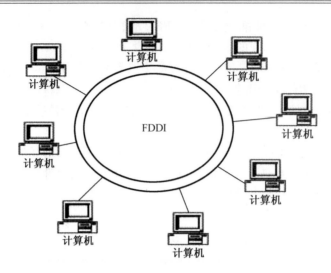

图 8 – 6 FDDI 结构示意图

8.4 无线局域网

8.4.1 无线网络的初步应用

无线网络的初步应用可以追溯到五十年前的第二次世界大战期间,当时美国陆军采用无线电信号做资料的传输。他们研发出了一套无线电传输科技,并且采用相当高强度的加密技术,当初美军和盟军都广泛使用这项技术,这项技术让许多学者得到了灵感。1971 年夏威夷大学(university of Hawaii)的研究员创造了第一个基于封包式技术的无线电通信网络,被称作 ALOHNET 网络,可以算是相当早期的无线局域网络。最早的 WLAN 包括了 7 台计算机,它们采用双向星形拓扑(bi-directional star topology),横跨四座夏威夷的岛屿,中心计算机放置在瓦胡岛(Oahu Island)上。从这时开始,无线网络可以说是正式诞生了。虽然目前几乎所有的局域网络都仍旧是有线的架构,不过近年来无线网络的应用却日渐增加,主要应用在学术界、医疗界、制造业和仓储业等,而且相关的技术也一直在进步,对企业而言要转换到无线网络也更加容易、更加便宜了。

8.4.2 无线局域网的技术概述

无线局域网利用电磁波在空气中发送和接收数据无须线缆介质。无线局域网的数据传输速率现在已经能够达到 11 Mb/s,传输距离可远至 20 km 以上。它是对有线联网方式的一种补充和扩展,使网上的计算机具有可移动性,能够快速、方便地解决使用有线方式不易实现的网络联通问题。

无线局域网的相关标准——IEEE 802.11 标准。IEEE 802.11 是 1997 年由大量的局域网以及计算机专家审定通过的标准。IEEE 802.11 规定了无线局域网在 2.4 GHz 波段进行操作,这一波段被全球无线电法规实体定义为扩频使用波段。1999 年 8 月,IEEE 802.11 标准被进一步改进和修订,包括使用基于 SNMP 的 MIB 替换基于 OSI 协议的原始 MIB。此外,还增加了两个项目,一个是 IEEE 802.11a,扩展了标准物理层,频带为 5 GHz,采用 QFSK 调制方式,传输速率为 6 m/s ~ 54 m/s。它采用了正交频分复用(OFDM)的独特扩频技术,可以提供 25 Mb/s 无线 ATM 接口和 10 Mb/s 以太网无线帧结构接口,并支持语音、数据和图像服务,该速率可满足室内外各种应用场合。然而,使用该标准的产品尚未进入市场。另一种是 IEEE 802.11b 标准。在 2.4 GHz 频带中,采用直接序列扩频(DSSS)技术和补偿码键控(CCK)调制。该标准提供 11 Mb/s 的数据速度,还能够根据情况的变化,在 11 Mb/s、5.5 Mb/s、2 Mb/s、1 Mb/s 的不同速率之间自动切换。它从根本上改变无线局域网设计和应用现状,扩大了无线局域网的应用领域。现在,大多数厂商生产的无线局域网产品都基于 IEEE 802.11b 标准。下表 8 - 2 为 IEEE 802.11 系列协议发展概况表。

表 8 - 2　IEEE802.11 系列协议发展概况

标准	描述	备注
IEEE 802.11	工作在 2.4 G 频段,采用 FHSS 调制解调技术,2 Mb/s	已批准
IEEE 802.11a	工作在 5 G 频段,采用 OFDM 调制解调技术,54 Mb/s	已批准
IEEE 802.11b	工作在 2.4 G 频段,采用 DSSS 调制解调技术,11 Mb/s	已批准
IEEE 802.11e	对服务等级(Quality of Service,QoS)的支持	已批准
IEEE 802.11g	工作在 2.4 G 频段,采用 OFDM 调制解调技术,54 Mb/s	已批准
IEEE 802.11h	传输功率(TPC),动态频率选择(DFS)	欧洲要求
IEEE 802.11i	强健安全网络	已批准
IEEE 802.11k	该协议规范规定了无线局域网络频谱测量规范	制定中
IEEE 802.11n	工作在 2.4 G、5.8 G 采用 MIMO OFDM 最大频率 600 Mb/s	已批准
IEEE 802.11s	Mesh 网状网标准	制定中
IEEE 802.11ac	工作在 5 GHz,目标 1 Gb/s	制定中

8.4.3　无线局域网的结构

无线局域网在室外主要有以下几种结构:点对点型、点对多点型、多点对点型和混合型。

1. 点对点型

该类型常用于固定的互联网的两个位置之间,是无线联网的常用方式,使用这种联网方式建成的网络,优点是传输距离远,传输速率高,受外界环境影响较小。

2. 点对多点型

该类型常用于有一个中心点,多个远端点的情况下。其最大优点是组建网络成本低、维护简单;其次是由于中心使用了全向天线,设备调试相对容易。该种网络的缺点也是因为使用了全向天线,波束的全向扩散使得功率大大衰减,网络传输速率低,对于较远距离的远端点,网络的可靠性不能得到保证。

3. 混合型

这种类型适用于所建网络中有远距离的点、近距离的点,还有建筑物或山脉阻挡的点。在组建这种网络时,综合使用上述几种类型的网络方式,对于远距离的点使用点对点方式,近距离的多个点采用点对多点方式,有阻挡的点采用中继方式。

8.4.4　无线局域网的特点

与有线网络相比,无线局域网具有以下的优点。

1. 安装便捷

一般在网络建设中,施工周期最长、对周边环境影响最大的就是网络布线施工工程。在施工过程中,往往需要破墙掘地、穿线架管。而无线局域网最大的优势就是免去或减少了网络布线的工作量,一般只要安装一个或多个接入点(AccessPpoint,AP)设备,就可建立覆盖整个建筑或地区的局域网络。

2. 使用灵活

在有线网络中,网络设备的安放位置受网络信息点位置的限制,而一旦无线局域网建成后,在无线网的信号覆盖区域内任何一个位置都可以接入网络。

3. 经济节约

由于有线网络缺少灵活性,这就要求网络规划者尽可能地考虑未来发展的需要,这就往往导致大量的材料利用率降低。而一旦网络的发展超出了设计规划,又要花费较多费用进行网络改造,而无线局域网可以避免或减少以上情况的发生。

4. 易于扩展

无线局域网有多种配置方式,能够根据需要灵活选择。这样,无线局域网就能胜任从只有几个用户的小型局域网到上千用户的大型网络,并且能够提供像"漫游(roaming)"等有线网络无法提供的特性。由于无线局域网具有多方面的优点,所以发展十分迅速。在最近几年里,无线局域网已经在医院、商店、工厂和学校等不适合网络布线的场合得到了广泛应用。

8.5　移动 Ad Hoc 网络

Ad hoc 网是一种多跳的、无中心的、自组织无线网络,又称为多跳网(multi-hop network)、无基础设施网(infrastructureless network)或自组织网(self-organizing network)。整个网络没有固定的基础设施,每个节点都是移动的,并且都能以任意方式动态地保持与其他节点的联系。在这种网络中,由于终端无线覆盖取值范围的有限性,两个无法直接进行通信的用户终端可以借助其他节点进行分组转发。每一个节点同时也是一个路由器,它们能完成发现以及维持到其他节点路由的功能。

8.5.1　移动 Ad Hoc 网络的基本概念

Ad Hoc 网络是一种没有有线基础设施支持的移动网络,网络中的节点均由移动主机构成。Ad Hoc 网络最初应用于军事领域,它的研究起源于战场环境下分组无线网数据通信项目,该项目由 DARPA 资助,其后又在 1983 年和 1994 年进行了抗毁可适应网络(Survivable Adaptive Network,SURAN)和全球移动信息系统(Global Information System,GIS)项目的研究。由于无线通信和终端技术的不断发展,Ad Hoc 网络在民用环境下也得到了发展,例如需要在没有有线基础设施的地区进行临时通信时,可以很方便地通过搭建 Ad Hoc 网络实现。

在 Ad Hoc 网络中,当两个移动主机在彼此的通信覆盖范围内时,它们可以直接通信。但是由于移动主机的通信覆盖范围有限,如果两个相距较远的主机要进行通信,则需要通过它们之间的移动主机 B 的转发才能实现。因此,在 Ad Hoc 网络中,主机同时还是路由器,担负着寻找路由和转发报文的工作。在 Ad Hoc 网络中,每个主机的通信范围有限,因此,路由一般都由多跳组成,数据通过多个主机的转发才能到达目的地。因此,Ad Hoc 网络也被称为多跳无线网络。

1. 主要特点

Ad Hoc 网络可以看作是移动通信和计算机网络的交叉。在 Ad Hoc 网络中,使用计算机网络的分组交换机制,而不是使用电路交换机制。通信的主机一般是便携式计算机、个人数字助理(PDA)等移动终端设备。Ad Hoc 网络不同于因特网环境中的移动 IP 网络。在移动 IP 网络中,移动主机可以通过固定有线网络、无线链路和拨号线路等方式接入网络,而在 Ad Hoc 网络中只存在无线链路一种连接方式。在移动 IP 网络中,移动主机通过相邻的基站等有线设施的支持才能通信,在基站和基站(代理和代理)之间均为有线网络,仍然使用因特网的传统路由协议,而 Ad Hoc 网络没有这些设施的支持。此外,在移动 IP 网络中移动主机不具备路由功能,只是一个普通的通信终端。当移动主机从一个区移动到另一个区时并不改变网络拓扑结构,而 Ad Hoc 网络中移动主机的移动将会导致拓扑结构的改变。

2. 主要应用

Ad Hoc 网络的应用范围很广,总体上来说,它可以用于以下几个场合。

(1)没有有线通信设施的地方,例如,没有建立硬件通信设施或有线通信设施遭受破坏。

(2)需要分布式特性的网络通信环境。

(3)现有有线通信设施不足,需要临时快速建立一个通信网络的环境。

(4)作为生存性较强的后备网络。

Ad Hoc 网络技术的研究最初是为了满足军事应用的需要,军队通信系统需要具有抗毁性、自组性和机动性。在战争中,通信系统很容易受到敌方的攻击,因此,需要通信系统能够抵御一定程度的攻击。若采用集中式的通信系统,一旦通信中心受到破坏,将导致整个系统的瘫痪。分布式的系统可以保证部分通信节点或链路断开时,其余部分还能继续工作。在战争中,战场很难保证有可靠的有线通信设施,因此,通过通信节点自己组合,组成一个通信系统是非常有必要的。此外,机动性是部队战斗力的重要部分,这要求通信系统能够根据战事需求快速组建和拆除。

Ad Hoc 网络满足了军事通信系统的这些需求。Ad Hoc 网络采用分布式技术,没有中心控制节点的管理。当网络中某些节点或链路发生故障,其他节点还可以通过相关技术继续通信。Ad Hoc 网络由移动节点自己自由组合,不依赖于有线设备,因此,具有较强的自组性,很适合战场的恶劣通信环境。Ad Hoc 网络建立简单、具有很高的机动性,一些发达国家为作战人员配备了尖端的个人通信系统,在恶劣的战场环境中,很难通过有线通信机制或移动 IP 机制来完成通信任务,但可以通过 Ad Hoc 网络来实现。因此,研究 Ad Hoc 网络对军队通信系统的发展具有重要的应用价值和长远意义。

近年来,Ad Hoc 网络的研究在民用和商业领域也受到了重视。在民用领域,Ad Hoc 网络可以用于灾难救助。在发生洪水、地震后,有线通信设施很可能因遭受破坏而无法正常通信,Ad Hoc 网络可以快速地建立应急通信网络,保证救援工作的顺利进行,完成紧急通信需求任务。Ad Hoc 网络可以用于偏远或不发达地区通信。在这些地区,由于造价、地理环境等原因往往没有有线通信设施,Ad Hoc 网络可以解决这些环境中的通信问题。Ad Hoc 网络还可以用于临时的通信需求,例如,商务会议中需要参会人员之间互相通信交流,在现有的有线通信系统不能满足通信需求的情况下,可以通过 Ad Hoc 网络来完成通信任务。

Ad Hoc 网络在研究领域也很受关注,近几年的网络国际会议基本都有 Ad Hoc 网络专题。随着移动技术的不断发展和人们日益增长的自由通信需求,Ad Hoc 网络会受到更多的关注,得到更快速的发展和普及。

MANET 由一组无线移动节点组成,是一种不需要依靠现有固定通信网络基础设施并能够迅速展开使用的网络体系,所需人工干预最少,是没有任何中心实体、自组织、自愈网络。各个网络节点相互协作,通过无线链路进行通信和交换信息,实现信息和服务的共享。网络节点能够动态地、随意地、频繁地加入网络和退出网络,而常常不需要事先预警或通知,而且不会破坏网络中其他节点的通信。MANET 节点可以快速移动,既作为路由器又作为主机,能够通过数据分组的发送和接收而进行无线通信。网络节点在网络中的位置是快速变化的,缺少通信链路的情况也是经常发生的。

MANET 是对等网络。这是 MANET 与使用基站和固定基础通信设施的蜂窝网络之间的一个重要区别。MANET 中任何两个节点之间的无线传播条件受制于这两个节点的发射功率,当这个无线传播条件足够充分时,这两个节点之间就可直接进行通信。如果源节点和目的节点之间没有直接的链路,那么就使用多跳路由。在多跳路由中,一个分组从一个节点转发到另一个节点,直到该分组到达目的节点为止。为了在源节点和目的节点之间寻找路由,甚至为了确定存在还是不存在一条至目的节点的路由且合适的路由协议是必须的,因为在 MANET 中没有中心单元,所以必须使用分布式协议。

8.5.2　移动 Ad Hoc 网络中的问题

正如很多人预测的那样,MANET 能够满足人们将来通信的很多需求。无线短距离通信装置可以嵌入到很多产品中,几乎每个人都将携带一个无线交流器。这就给 MANET 提供了应用的可能性。但是,仍然还有很多 MANET 问题有待解决,所以 MANET 面临许多挑战和问题。

1. 传统的无线问题

一般情况下,MANET 由移动节点动态构成为一个自治系统,移动节点通过无线链路相互连接,不需要现有的网络基础设施或者管理中心。节点自由地随机移动,任意自己组织自己。因此,无线网络拓扑可能迅速变化且不可预测。MANET 可以孤立地工作,也可以连接到较大的 Internet 上。MANET 不需要任何固定基础设施来支持自己的操作,因此没有基础设施的网络。一般情况下,MANET 中节点之间的路由可能包括多跳路由,因此又被称为多跳无线 Ad Hoc 网络。每个节点能够与其传输覆盖范围内的任何其他节点进行通信。节点为了与其传输覆盖范围外的其他节点进行通信,必须使用中间节点来逐跳地中继消息。MANET 的机动性和便利性需要很高代价。MANET 仍然包含无线通信和无线网络的传统问题。

(1)无线媒介既不是绝对的,也没有易于观测的边界线,越出边界线的节点接收不到网络分组,无线信道易受外部信号干扰。

（2）无线媒介相对于有线媒介是极不可靠的媒介。

（3）无线信道具有时变特性和非对称传播特性，可能出现隐含终端和显现终端现象。

2. 网络设计约束条件

MANET 的特点及其包含的无线传统问题给其网络设计添加了许多约束条件和复杂性。

（1）自治与无基础设施。MANET 不依赖任何已建立的基础设施或者管理中心。每个节点按照分布式对等方式操作，作为一个独立的路由器，独立产生数据。网络管理功能不得不分散到各个节点中，从而增加了故障检测和管理的困难。

（2）多跳路由。没有可用的默认路由器，每个节点都作为一个路由器，互相转发分组，以便移动在主机之间共享信息。

（3）动态变化的网络拓扑。在 MANET 中，由于节点能够任意移动，因此网络拓扑（通常是多跳）可能频繁变化且不可预测，从而导致路由变化、频繁的网络分割，以及可能的分组丢失。

（4）链路容量和节点容量的差异。每个节点配置有一个或者多个电台接口，各个电台接口的发送/接收容量不同，工作频段也不同。节点电台容量的差异可能产生非对称链。此外，每个移动节点可能具有不同的软件/硬件配置，因而具有不同的处理能力。为这种不同种类网络设计的网络协议和算法是个复杂的任务，要求动态适应变化条件（功率条件和信道条件，流量载荷分布式变量，拥塞等）。

（5）能量限制操作。每个移动节点的电池的供电能力有限，因此其处理能力有限，从而限制了每个节点所能够支持的服务和应用。这是 MANET 中的一个较大问题，因为每个节点可以同时作为一个端系统和一个路由器，需要增加能量用于分组转发。

（6）网络扩展性。目前流行的大多数网络管理算法是为固定网络或者相对较小的无线网络设计的。很多 MANET 应用涉及数万个节点的大网络，例如传感器网络和战术网络。扩展性是这种大网络成功展开的关键。由有限资源节点组成的大网络的设计问题面临很多挑战，例如，寻址、路由、位置管理、配置管理、互操作、安全、高容量无线技术等等。

（7）网络性能分析与评估。由于 MANET 的性能分析必须考虑无线物理层、无线传播、多址访问、随机拓扑、路由，以及应用特性之间的交互，因此，MANET 的性能分析是一个极高挑战性的任务。

（8）带宽有限。与有线固定连接相比，无线带宽是一种非常宝贵的资源。除了有效数据传输速率较低以外，还引起了路由协议设计的问题，因为带宽必须尽可能多地留给真正的数据传输。在考虑具体的不同路由协议的时候，有效带宽还限制了网络扩展性，因为网络规模越大，必须发送的路由更新就越多，路由更新传输距离越长。再综合考虑到电池供电能力有限，那么有限带宽还要增大时延，甚至丢失其他用户流量的可能，这在瓶颈节点上可能特别有害。

（9）扩展性

动态网络拓扑可能缺乏累加性引起了直接扩展性问题。缺乏累加会导致路由表更大，节点移动甚至是一个更大的问题，因为节点移动的时候路由信息发生变化，而为了维护路由表就必须将控制信息发送到网络中。当节点相互之间快速移动的时候，还必须发送更多的控制信息。

8.6 局域网操作系统

局域网操作系统是实现计算机与网络连接的重要软件。局域网操作系统通过网卡驱动程序与网卡通信实现介质访问控制和物理层协议。对不同传输介质、不同拓扑结构、不同介质访问控制协议的异型网,要求计算机操作系统能很好地解决异型网络互联的问题。

8.6.1 局域网操作系统的基本概念与功能

1. 局域网操作系统的基本概念

网络操作系统:局域网的网络操作系统就是网络用户和计算机网络之间的接口。

网络操作系统的任务:屏蔽本地资源与网络资源的差异性,为用户提供各站基本网络服务功能,完成网络共享系统资源的管理,并提供网络系统的安全性服务。

网络操作系统的功能分类:面向任务型、通用型。

网络操作系统按结构可分为以下三类。

(1)对等方式(Peer-to-Peer)

所有工作站均装有相同的协议栈,所有节点地位相同,各站之间共享设定的网络资源。

(2)文件服务器方式(File Server)

局域网需要有一台计算机来提供共享的硬盘和控制一些资源的共享。这样的计算机常称为服务器(server)。在这种方式下,数据的共享大多是以文件形式通过对文件的加锁、解锁来实施控制的。对于来自用户工作站有关文件的存取服务,都是由服务器来提供的。给局域网增加了大量不必要的流量负载。

(3)客户服务器方式(Client/Server)

客户服务器方式是一种分布式体系结构,Client 端负责应用任务,Server 端负责数据处理,或简称为 C/S 方式。客户服务器并不是一种特定的硬件产品或服务器技术,它是一种体系结构。客户服务器方式将处理功能分为两部分,一部分(前端)由客户处理,另一部分(后端)由服务器处理。在分布式的环境下,任务由运行客户程序和服务器程序的机器共同承担,这样做有利于全面地发挥各自的计算能力,可以分别对客户端和服务器端进行优化。例如,客户端仅需要承担应用方面的专门任务,而服务器端则主要用于数据处理。这种客户服务器方式还能给用户提供一个理想的分布环境,消除了不必要的网络传输负担。

2. 局域网操作系统的基本功能

文件服务、打印服务、数据库服务、通信服务、信息服务、分布式服务、网络管理服务、Internet/Intranet 服务。

目前较流行的局域网操作系统有:微软公司的 WINDOWS NT Server,是一个 32 位操作系统;Novell 的 Netware;Unix;Linux。

(1)WINDOWS NT 的组成

一般说来,WINDOWS NT 操作系统分为两个部分:WINDOWS NT Server(服务器端软件)、WINDOWS NT Workstation(客户端软件)。

(2)WINDOWS NT 的特点

内存与任务管理;开放的体系结构;内置管理;集中式管理;用户工作站管理。

（3）Windows NT 的功能简介

①Server 管理工具：用户管理、服务器管理、磁盘系统管理、事件查看、DNS、DHCP、WINS、IIS、Exchange Office、文件和打印服务等 28 种服务和工具。

②采用 NTFS 文件系统，支持 RAID，通过 ACL 控制文件和目录的权限。

（4）WINDOWS NT 服务器的四种域模型简介

①单域模型适合于最小的安装。在不需要将组织按组织和管理目的分割时，采用这种模型，这种模型没有信任需要被管理。

②主控域模型把域分割为账户域和资源域，或更多的域。用户登录到账户域，但是访问资源域中的资源，例如打印机，系统管理员可以自己作主。一个系统管理员在账户域内新建账户，而另外一个系统管理员分配对另外一个域中资源的访问。域可以是地理位置上互相隔绝的，但不是一定要如此。

③多主控域模型有两种方法连接每个账户域。信任建立之后，用户可以访问任何被正确分配的资源域。这个模型能够处理数以千计的用户。

④完全信任模型是真的被修改后的单域模型。每个域得以保持自己的必要性。Windows NT 有两种类型的域控制器：主域控制器和备份域控制器（BDC）。每个域控制器都要存储叫作安全账户管理器（SAM）的用户数据库备份。在 Windows NT 中，SAM 的可读备份是存储在每个备份域控制器中的，但是唯一的可读/写备份存储在主域制器中。每当对域进行了修改（添加或删除了用户）时，这种修改首先写入域的 PDC，然后按设置的时间间隔由 PDC 升级每个 BDC。

Windows 2000 Server 的 Active Directory（AD），其目录服务的概念已经存在许多年了。目前最流行的目录服务实例就是 Novell NetWare 的 NDS。目录服务可以想象成同电话簿一样的服务目录。要简单地查看一个人名，并从中找到电话号码、电子邮件地址、社会保险号、汽车的照片，可以简单地单击所需要的项目并去到表单。Active Directory 的基本目标是把全部内容都能够传递到应用程序。它不只是为系统管理定义的条目，而且还有其他应用程序能够联系的手段。Active Directory 的目标就是一组容器，系统管理员和应用程序能够使用这些容器来存储设置、优先权和他们需要用以修改自己活动的其他信息。Active Directory 与 DNS 紧密地集成在一起，用户需要管理性的访问权限，其账户必须明确地在每个域内都授予优先权限。

8.6.2　NetWare 操作系统

1. NetWare

（1）NetWare 操作系统的组成

NetWare 操作系统是以文件服务器为中心的，它主要由以下三个部分组成。

①文件服务器内核：实现了 NetWare 的核心协议（NCP），并提供了 NetWare 的所有核心服务。文件服务器内核负责对网络工作站网络服务请求的处理。

②工作站外壳

③低层通信协议

NetWare 文件系统所有的目录与文件都建立在服务器硬盘上。在网络环境中，硬盘通道的工作是十分繁重的，因为硬盘文件的读写是文件服务最基本的操作。高效的多路硬盘处理技术和高速缓冲算法技术消除了服务器的瓶颈。在一个 NetWare 网络中，必须有一个或者一个以上的文件服务器。文件服务器对网络文件访问进行集中、高效的管理。用户文件与应用程序存储在文件服务器的硬盘上,以便于其他用户的访问。在 NetWare 环境中,访问一个文件的路径为"文件服务器名\卷名\:目录名\子目录名\文件名"。

（2）NetWare 的用户类型

NetWare 操作系统具有多任务、多用户的功能。工作站软件所占内存较小。用户类型包括:网络管理员、组管理员、网络操作员、普遍网络用户。

（3）NetWare 的安全保护方法

网络管理员通过设置用户权限来实现网络安全保护措施。除了用户账号,网络管理员还可创建用户组。

（4）NetWare 的网络安全机制要解决的问题

限制非授权用户注册网络并访问网络文件;防止用户查看他不应该查看的网络文件;保护应用程序不被复制、删除、修改或窃取;防止用户因误操作而删除或修改不应修改的重要文件。

基于对网络安全性的需要,NetWare 操作系统提供了四级安全保密机制:注册安全性、用户信任者权限、最大信任者权限屏蔽、目录与文件属性。

（5）NetWare 的系统容错技术

文件服务器是 NetWare 网络中的核心设备,如果发生故障将会造成数据的丢失甚至是网络的瘫痪。NetWare 的容错技术是非常典型的,系统容错技术主要有三种:三级容错机制、事务跟踪系统、UPS 监控。

2. Intranet

Intranet 是利用 Internet 技术建立的企业内部信息网络。

（1）Intranet 含义

①Intranet 是一种企业内部的计算机信息网络,而 Internet 是一种向全世界用户开放的公共信息网络,这是二者在功能上的主要区别之一。

②Intranet 是一种利用 Internet 技术的、开放的计算机信息网络,它所使用的 Internet 技术主要有 WWW、电子邮件、FTP 与 Telnet 等,这是 Intranet 与 Internet 二者的共同之处。

③Intranet 采用了统一的 WWW 浏览器技术去开发用户端软件。对于 Intranet 用户来说,所面对着的用户界面与普通 Internet 用户界面是相同的,因此,企业网内部用户可以很方便地访问 Internet,使用各种 Internet 服务。同时,Internet 用户也能够方便地访问 Intranet。

④Intranet 内部的信息分为两类:企业内部的保密信息与向社会公众公开的企业产品广告信息。企业内部的保密信息不允许任何外部用户访问,而企业产品广告信息则希望社会上的广大用户尽可能多地访问,防火墙就是用来解决 Intranet 与 Internet 互连安全性的重要手段。

（2）Intranet Ware 操作系统

Intranet Ware 操作系统是 Novell 公司为 Intranet 企业内部网提供的一种综合性的网络平台,它主要有以下几个特点:

①能建立功能强大的企业内部网络;

②能保护用户现有的投资;

③能方便地管理网络与保证网络安全;

④能集成企业的全部网络资源;

⑤能极大地减少网络管理的开支。

8.6.3　UNIX 操作系统

最早的 UNIX 版本是用汇编语言写成的。后来，Dennis Ritchie 研制了 C 语言，他用这种语言在许多类型的计算机上重写了 UNIX 操作系统。由于 C 语言对计算机类型的依赖性较小，因此在这些计算机上实现 UNIX 时，即使这些计算机的 CPU 不同，也不必重新编写 C 语言编译程序，这就使 UNIX 得到了广泛的使用。大型机和工作站上的 UNIX 主要有 SunOS/Solaris、AIX(advanced interactive executive)等，PC 机上的 UNIX 代表是 Linux 操作系统。

1. UNIX 操作系统的特点

(1)可移植性(portable)：整个系统的绝大部分源码是用 C 语言编写的，而且在 UNIX 上开发的应用程序也具有可移植性。

(2)精巧性(flexibility)：内核很小，众多的基本命令，并且可以相互组合，完成强大的功能。

(3)对网络的支持很好的一致性，将 I/O 的概念简化，并且在整个系统的实现过程中一直遵循这个指导思想。

(4)多用户。

(5)动态连接、共享内存、虚拟内存、文件系统的多样性、进程及用户的隔离等许多优秀的 OS 技术。

(6)对初学者而言，使用操作较为复杂。

(7)发展、扩散的不可控制性。

(8)内核不够灵活，不具备很好的可扩充性。

8.6.4　Linux 操作系统

1. Linux 概念

Linux 操作系统是可以运行在许多不同类型的计算机上的一种操作系统的"内核"。它是提供命令行或者程序与计算机硬件之间接口的软件的核心部分。Linux 操作系统内核主要管理以下几个内容：例如，内存采用什么方法以及在什么时候打开或者关闭文件、哪一个进程或者程序可以获得计算机的中央处理单元，等等。Linux 操作系统可以说是 UNIX 操作系统的一个克隆体，它最初是在 1991 年 10 月 5 日由它的作者 Linus Torvalds 于赫尔辛基大学发布的。

2. Linux 功能

(1)所有主要的网络协议。

(2)硬盘配额支持。

(3)全部的源代码。

(4)国际化的字体和键盘。

(5)作业控制。

(6)数字协处理器仿真。

(7)内存保护。

(8)多平台。

(9)多处理器。

(10)多用户。

（11）多任务。

（12）共享的库文件。

（13）支持多种文件系统。

（14）虚拟控制台。

（15）虚拟内存。

（16）其他更多功能。

8.6.5　总结

1. 如果用户的计算机已连接到一个局域网中，但是没有安装局域网操作系统，那么用户计算机不可能提供任何网络访问功能。实现局域网协议的硬件与驱动程序只能为高层用户提供数据传输功能。

2. 局域网操作系统是利用局域网低层提供的数据传输功能，为高层用户提供共享资源管理服务的局域网系统软件。

3. 在对等结构局域网操作系统中，所有的联网节点地位相等，安装在每个联网结构的操作系统软件相同，联网计算机的资源在原则上都是可以相互共享的。

4. 非对等结构局域网操作系统将联网节点分为两类：网络服务器与网络工作站。网络服务器采用高配置、高性能的计算机，以集中方式管理局域网的共享资源，并为网络工作站提供各类服务。网络工作站一般是配置比较低的微型机系统，主要为本地用户访问本地资源与访问网络资源提供服务。

5. 局域网操作系统的基本功能主要有文件服务、打印服务、数据库服务、通信服务、网络管理服务等。

6. 典型的网络操作系统主要有 Windows NT Server、Netware、UNIX 与 Linux 等。

习　题

1. 在局域网体系结构中，为什么要将数据链路层分为介质访问控制子层和逻辑链路控制子层？

2. IEEE 802 局域网参考模型与 ISO/RM 参考模型有何异同？

3. 局域网的信道分配和策略有哪些？各有什么特点？

4. 为什么 CSMA/CD 有最短帧长度的要求？

5. Ad Hoc 网络作为一种新的组网方式，它具有哪些特点？

6. Ad Hoc 网络发展现在主要的问题有哪些？

7. 目前较流行的局域网操作系统有哪些？以及它们各自的特点？

8. 网络操作系统按结构可分为几类？请具体说明。

9. 局域网操作系统的基本功能有哪些？

第9章　实用网络技术

9.1　分组交换技术

分组交换由 Donald Davies 和保罗·巴兰在 20 世纪 60 年代早期发明。有人认为伦纳德·克兰罗克也是分组交换的发明者,但是 Davies 在去世之前争辩并指出,克兰罗克的研究实际上是关于排队论,也就是分组交换的关键理论基础的研究。克兰罗克出版的著作中未显著提到过把用户消息分割成段,并通过网络分别发送给他们,因此,这是巴兰和 Davies 最重要的创新。

分组是由一块用户数据和必要的地址和管理信息组成,保证网络能够将数据传递到目标,类似于从邮局发送的包裹上注明的地址一样,只有提供给网络这些信息,网络(邮局)才能把分组(包裹)往正确的地址传送,如图 9 – 1 所示为分组交换示意图。

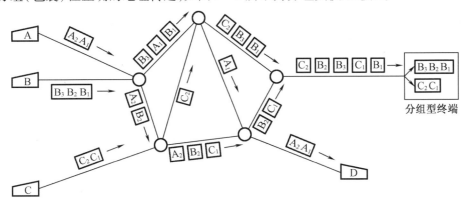

图 9 – 1　分组交换示意图

分组通过最佳路径(取决于路由算法)路由到目标,但并不是所有在相同两个主机之间传送的分组(即使是来自同一消息的那些分组)一定要沿着相同的路径传送。

一个数据连接通常传送数据的分组流,它们将不必全部以相同的方式路由通过物理网络。目的计算机把收到的所有报文按照适当的顺序重新排列,就能合并恢复出原来的内容。

分组交换模型最著名的应用是互联网,它是一个分组交换网络,在多种网络技术上运行网络层互联网协议。以太网、X. 25 和帧中继都是分组交换网的数据链路层的国际标准。新的移动电话技术就如 GPRS 和 i-mode 一样也是使用分组交换。

分组交换也可分为连接导向(connection oriented)和无连接(connectionless)传输,例如互联网就是分组交换、无连接的(PS/CO)传输,其所应用的是虚拟连接(Virtual Path)。

从本质上讲,这种断续分配传输带宽的储存转发原理并非是完全新的概念。自古代就有邮政通信,就其本质来说也是属于储存转发方式。在 20 世纪 40 年代,电报通信也采用了基于储存转发原理的报文交换。分组交换虽然也采用储存转发原理,但由于使用了计算机进行处理,这就使分组的转发非常迅速。这样,分组交换虽然采用了某些古老的交换原理,但实际上已经变成了一种崭新的交换技术。

9.1.1 X.25 技术

X.25 是一个使用电话或者 ISDN 设备作为网络硬件设备来架构广域网的 ITU-T 网络协议。它的实体层、数据链路层和网络层(1～3 层)都是按照 OSI 模型来架构的。在国际上 X.25 的提供者通常称 X.25 为分封交换网(packet switched network),尤其是那些国营的电话公司。它们的复合网络从 20 世纪 80 年代到 20 世纪 90 年代覆盖全球,现在仍然应用于交易系统中。如图 9-2 所示为 X.25 协议的系统结构和信息流关系。

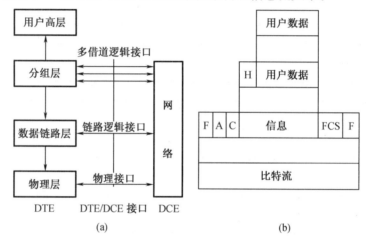

图 9-2 X.25 协议的系统结构和信息流关系

(a)X.25 接口逻辑结构;(b)信息流关系

X.25 协议采用分层的体系结构,自下而上分为三层,即物理层、数据链路层和分组层,分别对应于 OSI 参考模型的下三层。各层在功能上相互独立,每一层接受下一层提供的服务,同时也为上一层提供服务,相邻层之间通过原语进行通信。在接口的对等层之间通过对等层之间的通信协议进行信息交换的协商、控制和信息的传输。

X.25 协议是标准化的接口协议,任何要接入到分组交换网的终端设备必须在接口处满足协议的规定。要接入到分组交换网的终端设备不外乎两种:一种是具有 X.25 协议处理能力,可直接接入到分组交换网的终端,称为分组型终端(Packet Terminal,PT);另一种是不具有 X.25 协议处理能力必须经过协议转换才能接入到分组交换网的终端,称为非分组型终端(Non-Packet Terminal Protocol,NTP)。

X.25 的物理层协议规定了 DTE 和 DCE 之间接口的电气特性、功能特性和机械特性以及协议的交互流程。与分组交换网的端口相连的设备被称作 DTE,它可以是同步终端或异步终端,也可以是通用终端或专用终端,还可以是智能终端。DCE 是 DTE-DTE 远程通信传输线路的终端设备,主要完成信号变换、适配和编码功能。对于模拟传输线路,它一般为调制解调器(modem);对于数字传输线路,则为多路复用器或数字信道接口设备。

1. X.25 物理层完成的主要功能

(1)DTE 和 DCE 之间的数据传输;

(2)在设备之间提供控制信号;

(3)为同步数据流和规定比特速率提供时钟信号;

(4)提供电气地;

(5)提供机械的连接器,例如针、插头和插座。

X.25 物理层协议可以采用的接口标准有 X.21 建议、X.21 bis 建议以及 V 系列建议。

X.25 数据链路层协议是在物理层提供的双向的信息传输通道上,控制信息有效、可靠地传送的协议。X.25 的数据链路层协议采用的是高级数据链路控制规程(HDLC)的一个子集——平衡链路访问规程(Link Access Procedure Balanced,LAPB)协议。

HDLC 提供两种链路配置:一种是平衡配置;另一种是非平衡配置。非平衡配置可提供点到点链路和点到多点链路。平衡配置只提供点到点链路,由于 X.25 数据链路层采用的是 LAPB 协议,因此,X.25 数据链路层只提供点到点的链路方式。

2. X.25 数据链路层完成的主要功能

(1)DTE 和 DCE 之间的数据传输;

(2)发送和接收端信息的同步;

(3)传输过程中的检错和纠错;

(4)有效的流量控制;

(5)协议性错误的识别和警告;

(6)链路层状态的通知。

X.25 分组层是利用数据链路层提供的可靠传送服务,在 DTE 和 DCE 接口之间控制虚呼叫分组数据通信的协议。

3. X.25 分组层完成的主要功能

(1)支持交换虚电路(SVC)和永久虚电路(PVC);

(2)建立和清除交换虚电路连接;

(3)为交换虚电路和永久虚电路连接提供有效可靠的分组传输;

(4)监测和恢复分组层的差错。

9.1.2　帧中继

帧中继是 1992 年兴起的一种新的公用数据网通信协议,1994 年开始迅速发展。帧中继是一种有效的数据传输技术,它可以在一对一或者一对多的应用中快速而低廉的传输数位信息。它可以使用于语音、数据进行通信,既可用于局域网(LAN)也可用于广域网(WAN)的通信。每个帧中继用户将得到一个帧中继节点的专线。帧中继网络对于用户来说,它通过一条经常改变且对用户不可见的信道来处理和其他用户间的数据传输。

帧中继的主要特点是用户信息以帧为单位进行传送,网络在传送过程中对帧结构、传送差错等情况进行检查,对出错帧直接予以丢弃。同时,通过对帧中地址段 DLCI 的识别,实现用户信息的统计复用。

帧中继是一种数据包交换通信网络,一般用在开放系统互连参考模型中的数据链路层。永久虚拟电路 PVC 是用在物理网络交换式虚拟电路(SVCS)上构成端到端逻辑链接的,类似于在公共电话交换网中的电路交换,也是帧中继描述中的一部分,只是现在已经很少在实际中应用。另外,帧中继最初是为紧凑格式版的 X.25 协议而设计的。

数据链路连接标识符 DLCI 是用来标识各端点的一个具有局部意义的数值。多个 PVC 可以连接到同一个物理终端,PVC 一般都指定承诺信息速率 CIR 和额外信息率 EIR。

帧中继被设计为可以更有效地利用现有的物理资源,由于绝大多数的客户不可能百分之百的利用数据服务,因此,允许可以给电信运营商的客户提供超过供应的数据服务。正由于电信营运商过多的预定了带宽,所以导致了帧中继在某些市场中获得了坏的名声。

电信公司一直在对外出售帧中继服务给那些在寻找比专线更低廉的客户,根据政府和电信公司的政策,它被用于各种不同的应用领域。帧中继正逐渐被 ATM、IP 等协议(包括 IP 虚拟专用网)所替代。

1. 帧的格式

标志字段的长度为 1 个字节,格式是 01111110,用于帧定界。所有帧以标志字段开始和结束,一个帧的结束标志也可作为下一帧的起始标志。为了保证数据的透明传输,其他字段中不允许出现 F(0111110)字段,在两个标志字段之间的比特串中,如果碰巧出现了和标志字段一样的组合,就会被误认为是帧边界。为了避免这种错误,帧中继 Q.922 核心协议采用"0"比特填充法使一个帧中两个标志字段之间不会出现 6 个连续的 1。

具体的做法是在发送端,加标志字段之前先对比特串扫描,若发现 5 个连续的 1,立即在其后加一个 0;在接收端收到帧后,去掉头尾的标志字段,对比特串进行扫描,当发现 5 个连续的 1 时,立即删除其后的 0,这样就还原成原来的比特流。

地址字段用于区分同一链路上的多个数据链路连接,以便实现帧的复用和分用。地址字段的长度为 2 个字节,根据需要也可以扩充到 3 或 4 个字节。其中,2 字节的地址字段格式如图 9-3 所示。

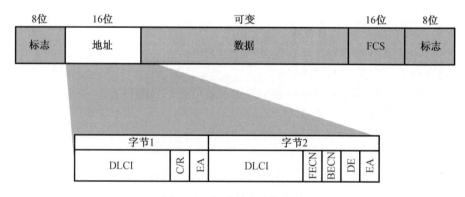

图 9-3 标准帧中继数据帧

DLCI 是数据链路连接标识符,长度为 10 比特,用于区分不同的逻辑连接,实现帧复用;EA 是地址扩展比特,地址字段的每个字节的第一位都是 EA 比特。EA=1 表示下一字节依然是地址字段,EA1 表示本字节是地址字段的最终字节。

2. 帧的特点

(1)采用公共信道信令。承载呼叫控制信令的逻辑连接和用户数据是分开的。例如,Ansi T1.603 和 ITU-T 附件 A 都以 DLCI=0 作为信令信道。逻辑连接的复用和交换发生在第二层,从而减少了处理的层次。

(2)简化机制。帧中继精简了 X.25 协议,取消第二层的流量控制和差错控制,仅由端到端的高层协议实现。对用户网络接口以及网络内部处理的功能大大简化,从而得到了低延迟和高吞吐率的性能。帧中继对帧进行简单处理,然后转发,其处理功能包括检验帧头中 DLCI 是否有效,有效则传帧,无效则删除;检验帧是否正确,正确则传帧,错误则删除。因此,它是一种检而不纠的传丢机制。

(3)采用高速虚电路。帧中继取消了第三层,将复用移交到第二层,在一条物理连接上建立多条二层逻辑信道,实现了带宽的统计复用和动态分配,从而提高了效率和吞吐量,降低了时延。

(4)大帧传送,适应突发。帧中继的帧长度远比 X.25 分组长度大,使用大帧传送则帧长可变,交换单元(帧)的信息长度比分组交换长,达 1 024～4 096 字节,预约帧长度至少达到 1 600 字节,适合于封装局域网的数据单元,适合传送突发业务,例如压缩视频业务、WWW 业务等。

(5)硬件转发,超速传送。DLCI 是一种标签,短小定长,便于硬件高速转发。

3. 帧中继网的体系结构

帧中继网的用户网络接口协议体系结构分为控制平面和用户平面。

(1)控制平面。控制平面负责信令的处理和传送,该信令用于逻辑连接的建立和拆除,同时用于帧方式承载业务的控制平面类似于电路交换中的共路信令。其中,控制信息使用的是独立的逻辑通道。在数据链路层使用具有差错控制和流量控制的 LAPD 协议,通过 D 信道提供用户和网络之间的可靠数据链路控制服务。这种数据链路业务用于 Q.933 控制信令信息的交换。

(2)用户平面。用户平面负责端到端的用户数据传送,同时用于端用户之间信息传输的用户平面协议是 LAPF。其中,帧中继只使用了它的核心功能,在用户之间提供了单纯的数据链路层帧传输服务,没有流量控制和差错控制。

9.2　异步传输模式

异步传输模式(Asynchronous Transfer Mode,ATM),又叫信元中继。ATM 采用电路交换的方式,它以信元(cell)为单位。每个信元长 53 字节,其中报头占了 5 字节。

ATM 能够比较理想地实现各种 QoS,既能够支持有连接的业务,又能支持无连接的业务,是宽带 ISDN(B-ISDN)技术的典范。ATM 为一种交换技术,在发送数据时,先将数字数据切割成多个固定长度的数据包,之后利用光纤或 DS1/DS3 发送,到达目的地后,再重新组合。ATM 网络可同时将声音、视频及数据集成在一起,针对各种信息类型,提供最佳的传输环境。

异步传输(asynchronous transmission):异步传输将比特分成小组进行传送,小组可以是 8 位的 1 个字符或更长。发送方可以在任何时刻发送这些比特组,而接收方不知道它们会在什么时候到达。一个常见的例子是计算机键盘与主机的通信。按下一个字母键、数字键或特殊字符键,就发送一个 8 比特位的 ASCII 代码。键盘可以在任何时刻发送代码,这取决于用户的输入速度,内部的硬件必须能够在任何时刻接收一个键入的字符。如图 9-4 所示为异步传输模式中的 PULL 模型示意图。

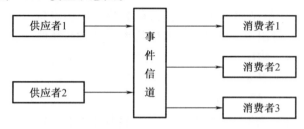

图 9-4　异步传输模式——PULL 模型示意图

1. 工作原理

异步传输模式的主要优点是具有以每秒高达 2 000 M 的速度传播声音、数据、图形及视频图像的能力。它允许网络管理者在工作站要求改变时动态重组 LAN。当前,LAN 的分段原则是一个工作站与它的 LAN 服务器的地理位置较近,ATM 将允许网络管理者建立一个逻辑而不是物理的分段。一个 ATM 开关将允许你建立一个完全不依赖于网络的物理结构的逻辑网络。

异步传输模式提供了任何两个同点间的点到点的连接,保证两点间有完全的网络带宽——每秒 45 M 或 155 M(标准草案中规定的两个接口速度)。因为 ATM 是独立于介质,它能在一定速度范围内操作。

2. 体系结构

ATM 参考模式分为三层:ATM 适配层(AAL)、ATM 层和物理层。AAL 连接更高层协议到 ATM 层,其主要负责上层与 ATM 层交换 ATM 信元。当从上层收到信息后,AAL 将数据分割成 ATM 信元;当从 ATM 层收到信息后,AAL 必须重新组合数据形成一个上层能够辨识的格式,上述过程即称之为分段与重组(SAR)。不同的 AAL 用于支持在 ATM 网络上使用不同的流量或服务类型。

ATM 层主要负责将信元从 AAL 转发给物理层,便于传输和将信元从物理层转发给 AAL,便于其在终端系统的使用。ATM 层能够决定进来的信元应该被转发至哪里,重新设置相应的连接标识符并且转发信元给下一个链接、缓冲信元以及处理各种流量管理功能,例如信元丢失优先权标记、拥塞标注和通用流控制访问。此外,ATM 层还负责监控传输率和服从服务约定(流量策略)。

ATM 的物理层定义了位定时及其他特征,将数据编码并解码为适当的电波或光波形式,用于在特定物理媒体上传输和接收。此外,它还提供了帧适配功能,包括信元描绘、信头错误校验(HEC)的生成和处理、性能监控,以及不同传输格式的负载率匹配。物理层通常使用的介质有 SONET、DS3、光纤、双绞线等。

3. 传输模式

传输模式为信元中继的一种标准的实施方案,这是一种采用具有固定长度的分组(信息元)的交换技术。之所以称其为异步,是因为来自某一用户的、含有信息的信息元的重复出现不是周期性的。

ATM 是一种面向连接的技术,是一种为支持宽带综合业务网而专门开发的新技术,它与现在的电路交换无任何衔接。当发送端想要和接收端通信时,它通过 UNI 发送一个要求建立连接的控制信号,接收端通过网络收到该控制信号并同意建立连接后,一个虚拟线路就会被建立。与同步传递模式不同,ATM 采用异步时分复用技术(统计复用)。来自不同信息源的信息汇集在一个缓存器内排队。列中的信元逐个输出到传输线上,形成首尾相连的信息流。ATM 的特点是因传输线路的质量高,不需要逐段进行差错控制,ATM 在通信之前需要先建立一个虚连接来预留网络资源,并在呼叫期间保持这一连接,因此,ATM 是面向连接的方式工作。信头的主要功能是标识业务本身和它的逻辑去向,功能有限。其信头长度小,时延小,实时性较好。

ATM 能够比较理想地实现各种 QoS,既能够支持有连接的业务,又能支持无连接的业务,是宽带 ISDN(B-ISDN)技术的典范。ATM 的传播速度是从 25 Mb/s 到 155 Mb/s。

4. 潜在问题

异步传输存在一个潜在的问题,即接收方并不知道数据会在什么时候到达。在它检测到数据并做出响应之前,第一个比特已经过去。这就像有人出乎意料地从后面走上来跟你说话,而你没来得及反应过来,漏掉了最前面的几个词。因此,每次异步传输的信息都以一个起始位开头,它通知接收方数据已经到达了,这就给了接收方响应、接收和缓存数据比特的时间;在传输结束时,一个停止位表示该次传输信息的终止。按照惯例,空闲(没有传送数据)的线路实际携带着一个代表二进制 1 的信号,异步传输的开始位使信号变成 0,其他的比特位使信号随传输的数据信息而变化。最后,停止位使信号重新变回 1,该信号一直保持到下一个开始位到达。例如,在键盘上键入数字“1”,按照 8 比特位的扩展 ASCII 编码,将发送“00110001”,同时需要在 8 比特位的前面加一个起始位,后面加一个停止位。

异步传输的实现比较容易,由于每个信息都加上了“同步”信息,因此,计时的漂移不会产生大的积累,但却产生了较多的开销。在上面的例子中,每 8 个比特要多传送两个比特,总的传输负载就增加 25% 。对于数据传输量很小的低速设备来说问题不大,但对于那些数据传输量很大的高速设备来说,25% 的负载增值就相当严重了。因此,异步传输常用于低速设备。

9.3　第三层交换技术

9.3.1　概述

如今我们处于较为成熟的网络社会,网络上的数据传输量巨大,很多以往的技术已经难以应对当今的需求,以往的主流交换技术是第二层交换技术,这种交换技术建立在路由器的基础上,通过识别 MAC 地址进行数据的传递,当无法准确识别 MAC 地址的时候,就采用广播的方式,所有当数据量过大的时候,很容易发生广播风暴问题。为了解决数据冲突,并且提高数据传输速度,建立在网络层的第三种交换技术应运而生,也称作 IP 交换技术,高速路由技术等。

9.3.2　第三种交换技术的运作方式

在数据封包转发的过程中,利用复用器等硬件实现更高速度的发送。

对于第三层路由软件,例如路由信息的更新、路由表维护、路由计算、路由的确定等功能,可用优化、高效的软件实现。假设两个使用 IP 协议的站点通过第三层交换机进行通信的过程,发送站点 A 在开始发送时,已知目的站的 IP 地址,但尚不知道在局域网上发送所需要的 MAC 地址,要采用地址解析来确定目的站的 MAC 地址。发送站把自己的 IP 地址与目的站的 IP 地址比较,采用其软件中配置的子网掩码提取出网络地址来确定目的站是否与自己在同一子网内。若目的站 B 与发送站 A 在同一子网内,A 广播一个 ARP 请求,B 返回其 MAC 地址,A 得到目的站点 B 的 MAC 地址后将这一地址缓存起来,并用此 MAC 地址封包转发数据,第二层交换模块查找 MAC 地址表确定将数据包发向目的端口。若两个站点不在同一子网内,例如发送站 A 要与目的站 C 通信,发送站 A 要向"缺省网关"发出 ARP(地址解析)封包,而"缺省网关"的 IP 地址已经在系统软件中设置。这个 IP 地址实际上对应第三层交换机的第三层交换模块所以当发送站 A 对"缺省网关"的 IP 地址广播出一个 ARP 请求时,若第三层交换模块在以往的通信过程中已得到目的站 B 的 MAC 地址,则向发送站 A 回复 B 的 MAC 地址,否则第三层交换模块根据路由信息向目的站广播一个 ARP 请求,目的站 C 得到此 ARP 请求后向第三层交换模块回复其 MAC 地址,第三层交换模块保存此地址并回复给发送站 A。以后当再进行 A 与 C 之间数据包转发时,将用最终的目的站点的 MAC 地址封包,数据转发过程全部交给第二层交换处理,信息得以高速交换。

第二层交换机在数据链路层上只用到了 MAC 地址,即硬件地址,而第三层交换机上有 ARP(地址解析协议)表,这是第三层交换机独有的,通过 ARP 映射表可以直接观察网络中计算机的 MAC 地址和 IP 地址的映射关系,并可选定欲控制的计算机条目进行配置,绑定了 ARP 之后,MAC 地址和 IP 地址就一一对应了,可以防止病毒 ARP 攻击,相当于第二层交换机来说,具有更大的传输效率和安全性能。

9.3.3 第三层交换技术的特点

1.有机的硬件结合加快了数据交换速度;

2.路由软件优化,提高路由效率;

3.除了必要的路由决定过程外,大部分数据转发过程由第二层交换处理;

4.多个子网互联时,只是与第三层交换模块的逻辑连接,不像传统的外接路由器那样需要增加端口,保护了用户的投资。

第三层交换技术相对于第二层交换技术而言,数据的传输从 OSI 参考模型中的数据链路层为主体上升至网络层,利用第三层交换技术,可以通过在局域网交换机中并行维护几个独立的、互不影响的通信进程来避免由于大量广播引起的广播风暴问题,并且通过使用交换机代替路由器,提高数据传输速度,降低使用成本,同时也提高了网络安全性。

9.3.4 第三层交换技术的原理

简单地说,三层交换技术就是二层交换技术加三层转发技术,但并不是简单的叠加关系。它解决了局域网中网段划分之后,网段中子网必须依赖路由器进行管理的问题,同时解决了传统路由器低速、复杂所造成的网络瓶颈问题。

三层交换,也称多层交换技术,或 IP 交换技术。它是相对于传统交换概念而提出的,众所周知,传统的交换技术是在 OSI 网络标准模型中的第二层——数据链路层进行操作的,而三层交换技术是在网络模型中的第三层实现了数据包的高速转发。

三层交换机可以通过处理数据的不同分为纯硬件和纯软件两大类。

纯硬件的三层技术相对来说技术复杂、成本高,但是速度快、性能好、带负载能力强。

其原理是采用 ASIC 芯片和采用硬件的方式进行路由表的查找和刷新。

　　纯硬件三层交换机的原理是当数据由端口接口芯片接收进来以后,首先在二层交换芯片中查找相应的目的 MAC 地址,如果查到,就进行二层转发,否则将数据送至三层引擎。在三层引擎中,ASIC 芯片查找相应的路由表信息,与数据的目的 IP 地址相比对,然后发送 ARP 数据包到目的主机,得到该主机的 MAC 地址,将 MAC 地址发到二层芯片,由二层芯片转发该数据包。

　　软件三层交换机技术较为简单,但速度较慢,不适合作为主干。其原理是采用 CPU 用软件的方式查找路由表。

　　软件三层交换机的原理是当数据由端口接口芯片接收进来以后,首先在二层交换芯片中查找相应的目的 MAC 地址,如果查到,就进行二层转发,否则将数据送至 CPU。CPU 查找相应的路由表信息,与数据的目的 IP 地址相比对,然后发送 ARP 数据包到目的主机得到该主机的 MAC 地址,将 MAC 地址发到二层芯片,由二层芯片转发该数据包。由于低价CPU 处理速度较慢,因此这种三层交换机处理速度较慢。

9.3.5　三层交换机的应用

　　如图 9 – 5 所示,在实际的网络搭建中,对于小型的局域网,第二层交换机足以应付较少的数据包,而第三层交换机建立在多个第二层交换机之上,这样提高了数据传输的效率,也节省了硬件成本。

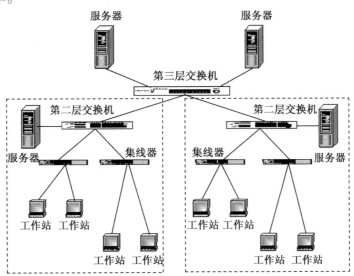

图 9 – 5　三层交换机的应用

　　要求快速转发响应的网络中,例如全部由三层交换机来做这个工作,会造成三层交换机负担过重,响应速度受影响,将网间的路由交由路由器去完成,将第二层交换机和第三层交换机相结合,充分发挥不同设备的优点,不失为一种好的组网策略。当然,前提是有足够的经济预算,不然就退而求其次,让三层交换机也兼为网际互联。

　　同样,三层交换机可以实现流量计费功能,在高校校园网及有些地区的城域教育网中,很可能有计费的需求,三层交换机可以识别数据包中的 IP 地址信息,因此,可以统计网络中计算机的数据流量,可以按流量计费,也可以统计计算机连接在网络上的时间,按时间进行计费,而普通的二层交换机就难以同时做到这两点。

总的来说,三层交换机基本可以实现二层交换机的所有功能,也能够解决二层交换机存在的广播问题,大幅度提高数据交换速度,具有非常良好的发展前景。

9.4 虚拟局域网技术

9.4.1 概述

在大型网络中,如果只有一个广播域,当出现高频率广播时,很容易发生广播风暴,导致数据交换速度降低,如果能把大型网络分成几个小型的局域网分区广播,就可以避免这种问题。将大型网络分成几个小的广播域,用于二层交换机上分割广播域的技术,就是虚拟局域网技术(VLAN)。虚拟局域网是一组逻辑上的设备和用户,这些设备和用户并不受物理位置的限制,可以根据功能、部门及应用等因素将它们组织起来,相互之间的通信就好像它们在同一个网段中一样,由此得名虚拟局域网。VLAN 是一种比较新的技术,工作在 OSI 参考模型的第 2 层和第 3 层,一个 VLAN 就是一个广播域,VLAN 之间的通信是通过第 3 层的路由器来完成的。与传统的局域网技术相比较,VLAN 技术更加灵活,它的优点是网络设备的移动、添加和修改的管理开销减少;可以控制广播活动;可提高网络的安全性。

在计算机网络中,一个二层网络可以被划分为多个不同的广播域,一个广播域对应了一个特定的用户组,默认情况下这些不同的广播域是相互隔离的。不同的广播域之间想要通信,需要通过一个或多个路由器,这样的一个广播域就称为 VLAN。

9.4.2 原理简介

首先,在一台未设置任何 VLAN 的二层交换机上,任何广播帧都会被转发给除接收端口外的所有其他端口,如图 9-6 所示。

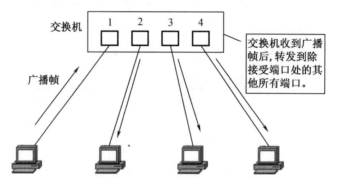

图 9-6 交换机转发广播帧

这时,如果在交换机上生成红、蓝两个 VLAN,同时设置端口 1 和 2 属于红色 VLAN,端口 3 和 4 属于蓝色 VLAN。再从 A 发出广播帧的话,交换机就只会把它转发给同属于一个 VLAN 的其他端口——也就是同属于红色 VLAN 的端口 2,不会再转发给属于蓝色 VLAN 的端口,VLAN 广播域如图 9-7 所示。

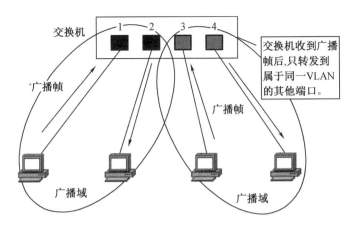

图 9 – 7　VLAN 广播域

同样,发送广播信息时,只会被转发给其他属于蓝色 VLAN 的端口,不会被转发给属于红色 VLAN 的端口。就这样,VLAN 通过限制广播帧转发的范围分割了广播域。下图 9 – 8 中为了便于说明,以红、蓝两色识别不同的 VLAN,在实际使用中则是用"VLAN ID"来区分。

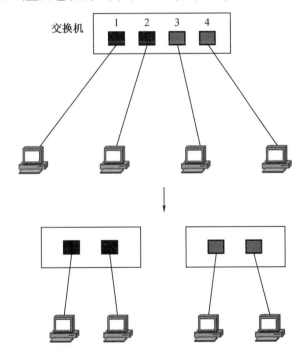

图 9 – 8　VLAN 逻辑分割

如果更为直观地描述 VLAN 的话,我们可以把它理解为在逻辑上将一台交换机分割成了数台交换机。在一台交换机上生成红、蓝两个 VLAN,也可以看作是将一台交换机换作一红一蓝两台虚拟的交换机。

在红、蓝两个 VLAN 之外生成新的 VLAN 时,可以想象成又添加了新的交换机。但是,VLAN 生成的逻辑上的交换机是互不相通的。因此,在交换机上设置 VLAN 后,如果未做其他处理,VLAN 间是无法通信的。当我们想要在 VLAN 间建立通信的时候,就要采用三层交换机。VLAN 是广播域,而通常两个广播域之间由路由器连接,广播域之间来往的数据包都是由路由器中继的。因此,VLAN 间的通信也需要路由器提供中继服务,这被称作"VLAN 间路由"。

通常设置 VLAN 的顺序为以下 2 步。

1. 生成 VLAN。

2. 设定访问链接(决定各端口属于哪一个 VLAN)。设定访问链接的手法,可以是事先固定的、也可以是根据所连的计算机而动态改变设定。前者被称为"静态 VLAN",后者自然就是"动态 VLAN"。

（1）静态 VLAN——基于端口

静态 VLAN,又被称为基于端口的 VLAN。顾名思义,就是明确指定各端口属于哪个 VLAN 的设定方法。由于需要一个一个端口地指定,因此当网络中的计算机数目超过一定数字(例如数百台)后,设定操作就会变得繁杂无比。并且,客户机每次变更所连端口,都必须同时更改该端口所属 VLAN 的设定,这显然不适合那些需要频繁改变拓扑结构的网络。

（2）动态 VLAN

另一方面,动态 VLAN 则是根据每个端口所连的计算机随时改变端口所属的 VLAN。这就可以避免上述的更改设定之类的操作,动态 VLAN 可以大致分为以下 3 类。

①基于 MAC 地址的 VLAN(MAC-Based VLAN)

②基于子网的 VLAN(Subnet-Based VLAN)

③基于用户的 VLAN(User-Based VLAN)

a. 基于 MAC 地址的 VLAN

基于 MAC 地址的 VLAN,就是通过查询并记录端口所连计算机上网卡的 MAC 地址来决定端口的所属。假定有一个 MAC 地址"A"被交换机设定为属于 VLAN 10,那么不论 MAC 地址为"A"的这台计算机连在交换机的哪个端口,该端口都会被划分到 VLAN 10 中去。计算机连在端口 1 时,端口 1 属于 VLAN 10,而计算机连在端口 2 时,则端口 2 属于 VLAN 10,基于 MAC 地址的 VLAN 如图 9 - 9 所示。

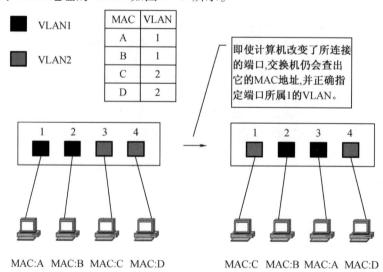

图 9 - 9　基于 MAC 地址的 VLAN

由于是基于 MAC 地址决定所属 VLAN 的,因此可以理解为这是一种在 OSI 的第二层设定访问链接的办法。但是,基于 MAC 地址的 VLAN,在设定时必须调查所连接的所有计算机的 MAC 地址并加以登录。而且如果计算机交换了网卡,还需要更改设定。

b. 基于子网的 VLAN

基于子网的 VLAN,则是通过所连计算机的 IP 地址,来决定端口所属 VLAN。与基于 MAC 地址的 VLAN 不同,即使计算机因为交换了网卡或是其他原因导致 MAC 地址改变,只要它的 IP 地址不变,就仍可以加入原先设定的 VLAN,基于子网的 VLAN 如图 9 – 10 所示。

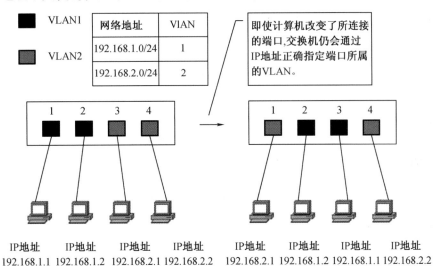

图 9 – 10　基于子网的 VLAN

因此,与基于 MAC 地址的 VLAN 相比,能够更为简便地改变网络结构。由于 IP 地址是 OSI 参照模型中第三层的信息,因此我们可以理解为基于子网的 VLAN 是一种在 OSI 的第三层设定访问链接的方法。

c. 基于用户的 VLAN

基于用户的 VLAN 是根据交换机各端口所连的计算机上当前登录的用户来决定该端口属于哪个 VLAN。这里的用户识别信息,一般是计算机操作系统登录的用户,例如可以是 Windows 域中使用的用户名。这些用户名信息,属于 OSI 第四层以上的信息。

总的来说,决定端口所属 VLAN 时利用的信息在 OSI 中的层面越高,就越适用于构建灵活多变的网络。

事实上,VLAN 本身是在利用二层交换技术,而在 VLAN 间进行路由是运用了三层交换技术。VLAN 技术和三层交换技术的出现,共同解决了单独使用二层交换机的技术缺陷,将三层交换技术与 VLAN 相结合,实现了高效率的数据交换。

9.5 虚拟专用网 VPN

9.5.1 VPN 概念

VPN 是英文 virtual private network 的缩写,一般译为虚拟专用网络,是一种常用于连接中、大型企业或团队与团队间的私人网络的通讯方法。顾名思义,可以将它理解成虚拟出来的企业内部专线。虚拟出来的企业内部专线一般是指通过特殊的、加密的通信协议在连接到 Internet 上的、位于不同地方的、两个或多个企业内部网络之间建立一个临时的、安全的连接,是一条通过公用网络的安全、稳定的隧道。

VPN 利用已加密的协议来达到保密、发送端认证、消息准确性等私人消息安全的效果,这种技术可以用不安全的网络(例如 Internet)来发送可靠、安全的消息。值得注意的是,消息加密与否是可以控制的,没有加密的虚拟专用网消息仍有被窃取的风险。

综上所述,给出一种定义,即虚拟专用网被定义为通过一个公用网络(通常是因特网)建立一个临时的、安全的连接,是一条穿过混乱的公用网络的安全、稳定的隧道。

9.5.2 VPN 的实现原理与安全技术

要实现 VPN 连接,内部网络中必须配置有一台 VPN 服务器。VPN 服务器一方面连接内部专用网络,另一方面要连接到 Internet,即 VPN 服务器必须拥有一个公用的 IP 地址。当客户机通过 VPN 连接与专用网络中的计算机进行通信时,先由 Internet 接入服务商(ISP)将所有的数据传送到 VPN 服务器,然后再由 VPN 服务器负责将所有的数据传送到目标计算机。

VPN 使用了三个方面的技术保证了通信的安全性:隧道协议、身份验证和数据加密。客户机向 VPN 服务器发出请求,VPN 服务器响应请求并向客户机发出身份质询,客户机将加密的响应信息发送到 VPN 服务器,VPN 服务器根据用户数据库检查该响应,如果账户有效,VPN 服务器将检查该用户是否具有远程访问权限;如果该用户拥有远程访问的权限,VPN 服务器则接收此连接。在身份验证过程中产生的客户机和服务器共有密钥将用来对数据进行加密。

目前,VPN 主要采用四项技术来保证安全,分别是隧道技术、加密与解密技术、密钥管理技术、身份认证技术。

1. 隧道技术

隧道技术是 VPN 的基本技术,类似于点对点连接的技术,它在公用网建立一条数据通道即隧道,让数据包通过这条隧道传输。

2. 加密与解密技术

加密、解密技术是数据通信中一项比较成熟的技术,VPN 可直接利用现有的技术。

3. 密钥管理技术

密钥管理技术的主要任务是如何在公用数据网上安全地传递密钥而不被窃取。

4. 身份认证技术

身份认证包括使用者与设备身份认证,最常用的方式是通过使用者名称与密码认证以及数字整数认证等。

9.5.3　VPN 技术的优点

VPN 的优势主要表现在如下 4 个方面。

1. 具有高度的安全性

VPN 技术采用在公共网络上建立一个逻辑的、点对点的连接,称之为建立一个隧道,并利用加密技术对经过隧道传输的数据进行加密,保证数据仅被指定的发送者和接收者使用,保证数据传输的安全性。

2. 低成本

VPN 技术利用现有的公共网络资源,不必租用长途专线建设网络,节省了大量的网络设备投资、维护费用和通信费用。

3. 容易扩展、灵活性好

使用 VPN 技术非常容易扩展网络规模,在网络需要扩展时,只需连接到公共网络上,对新加入的网络终端在逻辑上进行设置,不必考虑公共网络的容量、设备问题等。

4. 完全控制权

VPN 虽然以公共网络资源为基础,但 VPN 上的设施和服务完全掌握在用户手中,VPN 用户完全掌握着自己网络的控制权。

9.5.4　VPN 的应用领域

VPN 可分为三大类:远程接入 VPN、内联网 VPN 和外联网 VPN。对应的,有以下几个主要的应用领域。

1. 远程访问

远程移动用户通过 VPN 技术可以在任何时间、任何地点采用拨号、ISDN、DSL 等技术与公司内联网的 VPN 设备建立起隧道,实现访问连接,此时的远程用户终端设备上必须安装相应的 VPN 软件。推而广之,远程用户可与任何一台主机或网络在相同策略下利用公共通信网络设施实现远程 VPN 访问,这种类型就叫作远程访问(Access VPN),这是基本的 VPN 应用类型。不难证明,其他类型的 VPN 都是 Access VPN 的组合、延伸和扩展。

2. 组建内联网

一个组织机构的总部或网络中心与跨地域的分支机构网络在公共通信基础设施上采用隧道技术等,VPN 技术构成组织机构"内部"的虚拟专用网络,当其将公司所有权的 VPN 设备配置在各个公司网络与公共网络之间时,这样的内联网还具有管理上的自主可控、策略及中配置和分布式安全控制的安全特性。利用 VPN 组建的内联网也叫作 Intranet VPN。Intranet VPN 解决内联网结构安全和连接安全、传输安全的主要方法。

3. 组建外联网

使用 VPN 技术在公共通信基础设施上将合作伙伴或有共同利益的主机或网络与内联网连接起来,根据安全策略、资源共享约定规则实施内联网的特定主机和网络资源与外部特定的主机和网络资源的相互共享,这在业务机构和具有相互协作关系的内联网之间具有广泛的应用价值,这样组建的外联网也叫作 Extranet VPN。Extranet VPN 是解决外联网结构安全、连接安全、传输安全的主要方法。若外联网 VPN 的连接和传输中用了密码技术,必须解决其中的密码分发、管理的一致性问题。

9.5.5　VPN 的发展趋势

Internet 已成为全社会的信息基础设施,企业端应用也大都基于 IP,在 Internet 上构筑应用系统已成为必然趋势,因此,基于 IP 的 VPN 业务获得了极大的增长空间。

以前无论因特网的远程接入还是专线接入,以及骨干传输的带宽都很小,服务质量更是无法保障,造成企业用户宁愿花费大量的金钱去投资自己的专线网络或是宁愿花费巨额的长途话费来提供远程接入。现在随着 ADSL、DWDM、MPLS 等新技术的大规模应用和推广,上述问题将得到根本改善和解决。

VPN 技术将成为当前广域网建设的最佳解决办法之一,它如今大大节省了广域网建设和运行维护成本,而且增强了网络的可靠性和安全性。同时,VPN 将加快企业网的建设步伐,使得集团与公司不仅仅只是建设内部局域网,而且能够很快地把全国各地公司的局域网连起来,从而真正发挥整个网络的作用。

9.6　计算机网络管理与安全

在计算机网络技术发展的同时,由于其具有开放性、互联性的特征,安全威胁也随之暴露且日趋严峻,致使网络容易遭受攻击和破坏。大量在网络中存储和传输的数据需要被保护,这些数据在存储和传输过程中,都有可能被盗用、暴露或篡改。而计算机网络管理是有效地保护重要信息数据、提高计算机网络系统安全性的重要技术手段,对协调、保持网络的高效、可运行起着重要作用,当网络出现故障时,还可以及时报告和处理。

9.6.1　网络管理基本功能

网络管理系统有很多种,要实现网络管理系统之间的相互操作,就必须有一套标准的网络管理标准体系。为了实现这一目标,ISO 和 CCITT 制定了一套网络管理标准体系。这个标准体系由体系结构标准、管理信息的通信标准和结构标准,以及系统管理的功能标准等部分组成。在 ISO 网络管理标准体系当中,把开放式系统网络管理的具体功能划分为五个功能域,分别为故障管理、配置管理、性能管理、安全管理、记账管理。这五个域分别完成不同的网络管理功能。它们还需要通过与其他开放系统交换管理信息来实现。

1. 故障管理(fault management)。

故障管理是网络管理中最基本的功能之一。当网络发生故障时,必须尽可能快速地找出发生故障的确切位置,将网络其他部分与故障部分隔离,以确保网络其他部分不受干扰继续运行,重新配置或重组网络,尽可能降低由于隔离故障后网络带来的影响。修复或替换故障部分,将网络恢复为初始状态。对网络组成部件状态的监测是网络故障检测的依据。不严重且简单的故障或偶然出现的错误通常被记录在错误日志中,一般需做特别处理;而严重的故障则需要通知网络管理器,发出报警。因此,网络管理器必须具备快速和可靠的故障监测、诊断和恢复功能。

2. 计费管理(accounting management)。

在商业性有偿使用的网络上,计费管理功能一方面统计哪些用户、使用何信道、传输多少数据、访问什么资源等信息;另一方面,计费管理功能还可以统计不同线路和各类资源的利用情况。因此,计费管理的根本依据是网络用户资源的情况。例如,信息传输量、占用线路的时间统计量。一个网络管理系统必须记录这些信息,并制定一种用户可接受的计费方式。商业性网络中的计费系统还要包含诸如每次通信开始和结束的时间、通信中使用的服务等级,以及通信中的另一方等更详细的计费信息,并使用户能够随时查询这些信息。

3. 配置管理(configuration management)。

配置管理也是网络管理的基本功能。计算机网络由各种物理结构和逻辑结构组成,这些结构中有许多参数、状态等信息需要设置并协调。另外,网络运行在多变的环境中,系统本身也经常需要随着用户的增减或设备的维修而调整配置。网络管理系统必须具有足够的手段支持这些调整的变化,使网络更有效地工作。这些手段构成了网络管理的配置管理功能。配置管理功能至少应包含识别被管理网络的拓扑结构、标识网络中的各种现象、自动修改制定设备的配置、动态维护网络配置数据库等内容。

4. 性能管理(performance management)。性能管理的目的是在使用最少的网络资源和具有最小延迟的前提下,确保网络能提供可靠、连续的通信能力,并使网络资源的使用达到最优化的程度。网络的性能管理具有监测和控制两大功能,监测功能实现对网络中的活动进行跟踪,控制功能实施响应调整来提高网络性能。性能管理的具体内容包括从被管对象中收集与网络性能有关的数据、分析和统计历史数据、建立性能分析的模型、预测网络性能的长期趋势,并根据分析的预测和结果对网络拓扑结构、某些对象的配置和参数做出调整,逐步达到最佳运行状态。如果需要做出的调整较大时,还需要考虑扩充或重建网络。

5. 安全管理(security management)。

安全管理的目的是确保网络资源不被非法使用,防止网络资源由于入侵者攻击而遭到破坏。其主要内容包括与安全措施有关的信息分发,例如,密钥的分发和访问权限设置等,与安全有关的通知,例如,网络有非法侵入、无权用户对特定信息的访问企图等,安全服务措施的创建、控制和删除,与安全有关的网络操作时间的记录、维护和查询日志管理工作等。一个完善的计算机网络管理系统必须制定网络管理的安全策略,并根据这一策略设计实现网络安全管理系统。

关于计算机网络安全,包括物理安全和信息安全。物理安全是指网络设备、程序、线路等方面的安全;信息安全则是防止网络中存储或传递的信息受到破坏。

9.6.2　计算机网络安全

1. 计算机网络安全概念

从广义上讲,“网络安全”和“信息安全”是指确保网络上的信息和资源不被非授权用户所使用,通常把为了保护数据反黑客而设计的工具的集合称为计算机安全。

网络安全是为了在数据传输期间保护这些数据并且保证数据的传输是可信的,它强调的是网络中信息或数据的完整性、可用性以及保密性。所谓完整性,是指保护信息不被非授权用户修改或破坏;可用性是指避免拒绝授权访问或拒绝服务;保密性是指保护信息不被泄露给非授权用户。

2. 计算机网络面临的安全威胁

所谓的网络安全威胁是指某个实体(人、事件、程序等)对某一网络资源的机密性、完整性、可用性以及可靠性等可能造成的危害。

计算机网络安全锁面临的威胁概括起来有两种:一是对网络中信息、数据的威胁;二是对网络中设备的威胁。具体的威胁有以下 4 种。

（1）人为的恶意攻击。来自机构内部威胁和来自入侵者的外部攻击,是计算机网络面临的最大威胁。其一,以各种方式有选择地破坏、篡改、伪造对方信息的有效性和完整性,称为主动攻击;其二,在不影响网络正常工作的情况下,以截获、窃取、破译等手段获得对方重要机密信息,称为被动攻击,如图 9 – 11 所示。

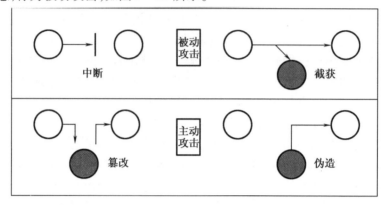

图 9 – 11　攻击方式

（2）人为的无意失误。如果用户安全意识不高,设置口令不慎,容易被人破解;用户把自己的账号随意转接给别人或与他人共享;又如系统管理员对系统安全配置不当形成的安全漏洞等,都会对计算机网络安全造成威胁。

（3）系统漏洞和缺陷。目前,不论是软件还是硬件,不论是操作系统还是应用软件,都存在不同程度的漏洞和缺陷,这些都是导致网络不安全的重要因素。

（4）实体摧毁。实体摧毁是计算机网络安全面对的"硬杀伤"威胁。主要有电磁攻击、兵力破坏和火力打击三种。

3. 构成网络安全威胁的因素

由于网络的各种操作系统和网络通信及本协议 TCP/IP 都存在着一定程度的漏洞,所以构成网络安全威胁主要有以下几种因素,如图 9 – 12 所示显示了几种不安全的因素。

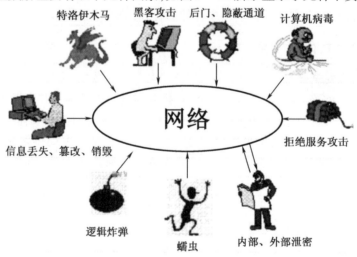

图 9 – 12　不安全因素

（1）操作系统的被检测性。使用 Telnet 或 FTP 连接远程主机上的账户,在网上传输的口令是没有加密的。入侵者可以就通过监视携带用户名和口令的 IP 包获取它们,然后使用这些用户名和口令通过正常途径登录到系统。

（2）无法估计主机的安全性。主机系统的安全性无法很好地估计。随着一个站点的主机数量的增加,确保每台主机的安全性都处在高水平的能力在下降。只用管理一台主机的能力来管理如此多的系统就容易出错。这些安全性较低的系统将成为薄弱环节,最终将破坏整个安全链。

（3）有缺陷的局域网服务。主机的安全十分困难和繁琐,有些站点为了降低管理要求并加强局域网,往往会使用诸如网络信息服务（NIS）和网络文件系统（NFS）类的服务,但却带来了不安全的因素,可以被有经验的入侵者利用而获得访问权。

（4）复杂的设置和控制。主机系统的访问控制配置复杂且难以验证,偶然的配置错误会使入侵者获取访问权。

（5）易欺骗性。网络通信协议的 TCP 或 UDP 服务相信主机的地址。如果使用"IP source routing",那么入侵者的主机就可以冒充一个被信任的主机或客户的 IP 地址取代自己的地址,去对服务器进行攻击。

（6）薄弱的认证环节。网络上的认证通常是使用口令来实现的,由于口令多为静态的,因此其薄弱环节众人皆知,各种各样的口令破解方式层出不穷。

（7）计算机病毒攻击。计算机病毒是威胁网络安全最重要的因素之一,由于网络系统中的各种设备都是相互连接的,如果某一个设备（例如服务器）收到病毒的攻击或系统收到病毒感染,它就可能危及整个网络。

（8）物理安全。网络中包括了各种复杂的硬件、软件和专用的通信设备,以及各种网络传输介质,大多数的网络通信设备和连接都有可能存在安全隐患。即便是其中有任何一个出现问题,都会导致灾难性的后果。

4. 计算机网络安全的目标

计算机网络安全的目标有以下几点。

（1）可靠性。可靠性是网络信息系统能够在规定条件下和规定的时间内完成规定的功能的特性。

（2）可用性。可用性是网络信息可被授权者访问并按需求使用的特性。

（3）保密性。保密性是网络信息不被泄露给非授权的用户、实体或过程,或供其利用的特性。

（4）完整性。完整性是网络信息未经授权不能进行改变的特性。

（5）不可抵赖性。不可抵赖性也称作不可否认性,在网络信息系统的信息交互过程中,确信参与者的真实同一性。

（6）可控性。可控性是对网络信息的传播及内容进行控制,保护其完整性和可用性。

9.6.3　主要技术

随着计算机网络技术的迅速发展和广泛应用,网络威胁呈现多样化。为了遏制各式各样的网络威胁,为网络的发展营造一个更安全的环境,已经出现了许许多多的用于网络安全的技术手段。

1. 信息加密技术

(1)对称密钥体制。其特点是无论加密还是解密都公用一把密钥(Ke = Kd),或者虽不相同,但可以由其中一个推导出另一个。其中最有影响的是1977年美国国家标准局颁布的数据加密标准算法(DES算法),加密与解密过程如图9-13所示。

图9-13 对称密钥体制

(2)公开密钥密码体制。其特点是加密钥不等于解密钥(Ke ≠ Kd),并且在计算上不能由加密钥推出解密钥。因此,将加密钥公开也不会危害解密钥的安全,通常把加密钥称为公钥,解密钥称为私钥。其典型代表是1978年MIT R. L. Rivest等人提出的RSA公开钥密码算法,它已被ISO/TC97的数据加密技术分委员会SC 20推荐为公开密钥数据加密标准。其加密与解密过程如图9-14所示。

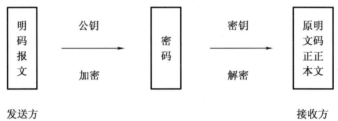

图9-14 公开密钥密码体制

(3)密钥管理。根据近代密码学的观点,密码系统的安全应该只取决于密钥的安全,而不取决于对算法的保密。这仅仅是在设计密码算法时的要求,而在实际应用中对保密性要求高的系统仍必须对具体使用的算法实行保密。密钥必须经常更换,这是安全保密所要求的。因此,无论是采用传统密码还是公钥密码,都存在密钥管理问题。

2. 数字签名技术

人们通常习惯于日常生活中的签名,它对当事人起到认证、核准与生效的作用。传统的书面签名形式由手签、印章、指印等,而在计算机通信中则采用数字签名。在此,签名是证明当事人身份与数据真实性的一种手段。

(1)认证技术。认证又称为鉴别或确认,它用来证实被认证对象(人与事)是否名副其实或是否有效的一种过程。

(2)数字签名。尽管数字签名与认证都是用来保证数据的真实性,但二者有着明显的区别,如图9-15所示。数字签名必须保证接收者能够核实发送者对报文的签名;发送者不能抵赖对报文的签名;接收者不能伪造对报文的签名。

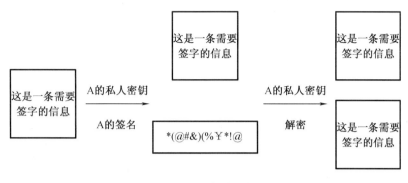

图 9 – 15　数字签名

9.6.4　防火墙技术

1. 包过滤技术

包过滤技术即在网络的适当位置对数据包实施有选择地通过,可以防止黑客利用不安全的服务对内部网络进行攻击。

2. 应用网关技术

应用网关技术是建立在网络应用层上的协议过滤、转发技术,针对特别的网络应用协议指定数据过滤逻辑,并可以将数据包分析结果和采取措施进行登记和统计,形成报告。

3. 代理服务技术

代理服务器是设置在 Internet 防火墙网管的专用应用级编码。

4. 防火墙的缺陷

(1)限制服务类型和灵活性。防火墙最明显的缺点是可能封锁用户所需的某些服务。例如 Telnet、FTP、NFS 等。

(2)后门服务的可能性。防火墙不能防备从后门进入 Intranet,如果不加限制的调制解调器仍然许可对防火墙禁止网点的服务,那么攻击者就可以跳过防火墙。

(3)制约信息传输的速度。

(4)防火墙也不能防备内部人员的攻击。

习　题

一、填空题

1. 分组交换有两种方式:_____方式和_____方式。

2. 帧中继是以_____技术为基础的高速分组交换技术。

3. 在数据报服务方式中,网络节点要为每个_____选择路由,在_____服务方式中,网络节点只在连接建立时选择路由。

二、简答题

1. 简述分组交换的优点和不足。

2. 建立虚拟局域网的交换技术有哪些?

3. 第二层交换技术和第三层交换技术分别位于 OSI 参考模型中的哪个层面?

4. 三层交换机中,路由器是如何与第三层交换技术结合的?

5. 简述解决广播风暴的方法。

6. 虚拟局域网本身利用了哪种交换技术？

7. 简述静态 VLAN 和动态 VLAN 的区别。

8. VPN 有哪些优势？如何保证安全？

9. 网络管理包含哪些基本功能？

10. 简述网络安全的概念。

11. 简述对称加密技术和非对称加密技术的工作原理。

12. 请简述构成网络安全威胁的因素。

课后习题答案

第一章 计算机网络概述

1. 速率,带宽,吞吐量,时延,时延带宽积,往返时间 RTT,利用率

2. 设网络利用率为 U,网络时延为 D,网络时延最小值为 D_0

$U = 90\%$;$D = D_0/(1 - U)$;

$D/D_0 = 10$;

现在的网络时延是最小值的 10 倍。

3. (1)发送时延:ts = 107/105 = 100s;

传播时延:tp = 106/(2 × 108) = 0.005s。

(2)发送时延 ts = 103/109 = 1μs;

传播时延:tp = 106/(2 × 108) = 0.005s。

结论:若数据长度大而发送速率低,则在总的时延中,发送时延往往大于传播时延。但若数据长度短而发送速率高,则传播时延就可能是总时延中的主要成分。

4. 分层的好处。

①各层之间是独立的。某一层可以使用其下一层提供的服务而不需要知道服务是如何实现的。

②灵活性好。当某一层发生变化时,只要其接口关系不变,则这层以上或以下的各层均不受影响。

③结构上可分割开。各层可以采用最合适的技术来实现。

④易于实现和维护。

⑤能促进标准化工作。

与分层体系结构的思想相似的日常生活有邮政系统,物流系统。

5. 网络协议:为进行网络中的数据交换而建立的规则、标准或约定。由以下三个要素组成。

(1)语法:即数据与控制信息的结构或格式。

(2)语义:即需要发出何种控制信息,完成何种动作以及做出何种响应。

(3)同步:即事件实现顺序的详细说明。

6. 电视,计算机视窗操作系统、工农业产品。

7. TCP/IP 协议可以为各式各样的应用提供服务(所谓的 everything over IP);

允许 IP 协议在各式各样的网络构成的互联网上运行(所谓的 IP over everything)。

8. (1)100/(100 + 20 + 20 + 18) = 63.3%;

(2)1000/(1000 + 20 + 20 + 18) = 94.5%。

9. 网络协议:为进行网络中的数据交换而建立的规则、标准或约定。由以下三个要素

组成。

（1）语法：即数据与控制信息的结构或格式。

（2）语义：即需要发出何种控制信息，完成何种动作以及做出何种响应。

（3）同步：即事件实现顺序的详细说明。

协议是控制两个对等实体进行通信的规则的集合。在协议的控制下，两个对等实体间的通信使得本层能够向上一层提供服务，而要实现本层协议，还需要用下面一层提供服务。

协议和服务的概念的区分。

①协议的实现保证了能够向上一层提供服务。本层的服务用户只能看见服务而无法看见下面的协议。下面的协议对上面的服务用户是透明的。

②协议是"水平的"，即协议是控制两个对等实体进行通信的规则。但服务是"垂直的"，即服务是由下层通过层间接口向上层提供的。上层使用所提供的服务必须与下层交换一些命令，这些命令在OSI中称为服务原语。

第二章　计算机网络体系结构

一、简答题

1. 两种参考模型的共同之处：

（1）都是基于独立的协议栈的概念；

（2）它们的功能大体相似，在两个模型中，传输层及以上的各层都是为了通信的进程提供点到点、与网络无关的传输服务；

（3）OSI参考模型与TCP/IP参考模型传输层以上的层都以应用为主导。

两种参考模型的不同之处：

（1）TCP/IP一开始就考虑到多种异构网的互联问题，并将网际协议IP作为TCP/IP的重要组成部分。但ISO最初只考虑到使用一种标准的公用数据网将各种不同的系统互联在一起。

（2）TCP/IP一开始就对面向连接和无连接服务，而OSI在开始时只强调面向连接服务。

（3）TCP/IP有较好的网络管理功能，而OSI到后来才开始这个问题，在这方面两者有所不同。

2. 无论是OSI参考模型与协议还是TCP/IP参考模型与协议都是不完美的。造成OSI参考模型不能流行的主要原因之一是其自身的缺陷。会话层在大多数应用中很少用到，表示层几乎是空的。在数据链路层与网络层之间有很多的子层插入，每个子层有不同的功能。OSI模型将"服务"与"协议"的定义结合起来，使得参考模型变得格外复杂，将它实现起来是困难的。同时，寻址、流控与差错控制在每一层里都重复出现，必然降低系统效率。虚拟终端协议最初安排在表示层，现在安排在应用层。关于数据安全性，加密与网络管理等方面的问题也在参考模型的设计初期被忽略了。参考模型的设计更多是被通信思想所支配，很多选择不适合于计算机与软件的工作方式。很多"原语"在软件的很多高级语言中实现起来很容易，但严格按照层次模型编程的软件效率却很低。

3.（1）它在服务、接口与协议的区别上不清楚。一个好的软件工程应该将功能与实现方法区分开来，TCP/IP恰恰没有很好地做到这点，这就使得TCP/IP参考模型对于使用新技术的指导意义不够。

（2）TCP/IP 的网络层本身并不是实际的一层,它定义了网络层与数据链路层的接口。物理层与数据链路层的划分是必要且合理的,一个好的参考模型应该将它们区分开来,而 TCP/IP 参考模型却没有做到这点。

4. 以太网(Ethernet)、令牌网(Token Ring)、FDDI 网、异步传输模式网(ATM)。

5. 标准以太网(10 Mbps)、快速以太网(100 Mbps)、千兆以太网(1000 Mbps)和 10G 以太网。

6. 双绞线和同轴电缆。

7. 100BASE-TX 、100BASE-FX、100BASE-T4 三个子类。

8. FDDI 的访问方法与令牌环网的访问方法类似,在网络通信中均采用"令牌"传递。它与标准的令牌环网又有所不同,主要在于 FDDI 使用定时的令牌访问方法。FDDI 令牌沿网络环路从一个节点向另一个节点移动,如果某节点不需要传输数据,FDDI 将获取令牌并将其发送到下一个节点中。如果处理令牌的节点需要传输,那么在指定的称为"目标令牌循环时间"(Target Token Rotation Time,TTRT)的时间内,它可以按照用户的需求来发送尽可能多的帧。因为 FDDI 采用的是定时的令牌方法,所以在给定时间中,来自多个节点的多个帧可能都在网络上,为用户提供高容量的通信。

9. 同步通信和异步通信。

10. FDDI 网络的主要缺点是价格与前面所介绍的快速以太网相比贵许多,且因为它只支持光缆和 5 类电缆,所以使用环境受到限制,从以太网升级更是面临大量移植问题。

11.（1）ATM 使用相同的数据单元,可实现广域网和局域网的无缝连接;

（2）ATM 支持 VLAN(虚拟局域网)功能,可以对网络进行灵活的管理和配置;

（3）ATM 具有不同的速率,分别为 25 Mb/s、51 Mb/s、155 Mb/s、622 Mb/s,从而为不同的应用提供不同的速率。

二、选择题

1 – 5　ABCCB

6 – 10　CBCAC

第三章　物理层

一、选择题

1. C　2. C　3. D　4. B　5. D　6. D　7. A　8. B

二、填空题

1. RJ – 45

2. 正交调制　振幅　相位

3. 双绞线　光纤

4. 电离层的反射　地面微波接力　通信容量

5. 32

6. 30KB

7. 基带信号

8. 双绞线 光纤 同轴电缆

9. 光纤

10. 568A

11.全双工

三、判断题:(正确:T;错误:F)

1.F 2.T 3.F 4.F 5.T 6.T 7.T

第四章 数据链路层

一、填空题

1.封装成帧,透明传输,差错检测

二、选择题

1.A 2.A 3.A 4.B 5.BCD 6.B

三、简答题

1.略

2.答:封装成帧是分组交换的必然要求 透明传输避免消息符号与帧定界符号相混淆 差错检测防止和差错的无效数据帧浪费后续路由上的传输和处理资源。

3.略

4.答:发送方可连续发送 n 帧而无需对方应答,但需要将已发出但尚未收到确认的帧保存在发送窗口中,以备由于出错或丢失而重发。接收方将正确的且帧序号落入当前接收窗口的帧存入接收窗口,同时按序将接收窗口的帧送交给主机(网络层)。出错或帧序号未落入当前窗口的帧全部予以丢弃。当某帧丢失或出错时,则其后到达的帧均丢弃,并返回否认信息,请求对方从出错帧开始重发。发送方设置一个超时计时器,当连续发送 n 帧后,立即启动超时计时器。当超时计时器满且未收到应答,则重发这 n 帧。

5.答:窗口尺寸大小不同。

停等:发送窗口 =1,接收窗口 =1;

回退 N:发送窗口 >1,接收窗口 =1;

选择重传:发送窗口 >1,接收窗口 >1。

6.答:通常把保证数据传送的那个站叫作主站。把从主站那里达到数据的那个站叫作从站。在一次通信连接中,一个站可以交替倒换为主站或从站,但在某段时间里一条数据链路上只有一个主站。

7.答:

(1)SOH:用于表示报文的标题信息或报头的开始。

(2)STX:标志标题信息的结束和报文文本的开始。

(3)ETX:标志报文文本的结束。

(4)EOT:送毕,用以表示一个或多个文本块的结束。

(5)ENQ:用以请求远程站给出的响应,响应可能包括站的身份或状态。

(6)ACK:由接收方发出的作为对正确接收到报文的响应。

(7)DLE:用于修改紧跟其后的有限个字符的意义。在 BSC 中实现透明方式的数据传输,或者当10 个传输控制字符不够用时提供新的转义传输控制字符

(8)NAK:有接收方发出的作为对未正确接收的报文的响应。

(9)SYN:在同步协议中,用以实现节点之间的字符同步,或用于在无数据传输时保持该同步。

(10)ETB:块终或组终,用以表示当报文分成多个数据块时,一个数据块的结束。

8．答：

S	帧名	功能
00	RR（接收准备就绪）	准备接收下一帧 确认序号为 N（R）－1 及其以前的各帧
10	RNR（接收未就绪）	暂停接收下一帧 确认序号为 N（R）－1 及其以前的各帧
01	REJ（拒绝）	否认从 N（R）起以后的所有帧
11	SREJ（选择拒绝）	只否认 N（R）帧

第五章　网络层

一、填空题

1．网络层、运输

2．虚电路

3．网络、顺序

4．分组/数据报、虚电路

5．死锁

6．存储转发死锁、重装死锁

7．主机/DTE、分组交换网/PSN

8．物理层、数据链路层

9．呼叫建立和清除、数据和中断

10．转发器、路由器

11．DCE/数据链路层

12．面向连接、无连接

13．虚电路呼叫/虚呼叫/交换虚电路、永久虚电路（注：两空答案可互换）

14．静态路由选择、动态路由选择

15．定额控制法、死锁/系统瘫痪

16．地址、路由

二、单项选择题

1．A　2．C　3．C　4．B　5．A　6．A　7．D　8．C　9．B　10．C　11．A　12．A　13．C　14．D　15．C　16．C　17．D　18．A　19．C

三、问答题

1．答：在某段时间，若对网络中某资源的需求超过了该资源所能提供的可用部分，网络的性能就要变坏——产生拥塞（congestion）。

出现资源拥塞的条件：对资源需求的总和 > 可用资源。

若网络中有许多资源同时产生拥塞，网络的性能就要明显变坏，整个网络的吞吐量将随输入负荷的增大而下降。

第六章　传输层

一、选择题

1. C　2. B　3. A　4. C　5. B　6. D　7. C　8. B　9. B　10. B　11. C　12. C

二、填空题

1. 应用层、运输层

2. 端到端、可靠的、全双工

3. 网络接口层、网际层、运输层

4. 端口

5. 客户

6. 服务器

7. 插口、套接字

三、简答题

1. 假设主机 A 为客户端,主机 B 为服务器,其释放 TCP 连接的过程如下:

(1)关闭客户端到服务器的连接:首先客户端 A 发送一个 FIN,用来关闭客户到服务器的数据传送,然后等待服务器的确认。其中终止标志位 FIN = 1,序列号 seq = u。

(2)服务器收到这个 FIN,它发回一个 ACK,确认号 ack 为收到的序号加 1。

(3)关闭服务器到客户端的连接:也是发送一个 FIN 给客户端。

(4)客户段收到 FIN 后,并发回一个 ACK 报文确认,并将确认序号 seq 设置为收到序号加 1。

2. (1)主机 A 向主机 B 发送 TCP 连接请求数据包,其中包含主机 A 的初始序列号 seq(A) = x。(其中报文中同步标志位 SYN = 1,ACK = 0,表示这是一个 TCP 连接请求数据报文;序号 seq = x,表明传输数据时的第一个数据字节的序号是 x);

(2)主机 B 收到请求后,会发回连接确认数据包。(其中确认报文段中,标识位 SYN = 1,ACK = 1,表示这是一个 TCP 连接响应数据报文,并含主机 B 的初始序列号 seq(B) = y,以及主机 B 对主机 A 初始序列号的确认号 ack(B) = seq(A) + 1 = x + 1)

(3)第三次,主机 A 收到主机 B 的确认报文后,还需做出确认,即发送一个序列号 seq(A) = x + 1;确认号为 ack(A) = y + 1 的报文。

3. 拥塞是指到达通信子网中某一部分的分组数量过多,使得该部分网络来不及处理,以致引起部分乃至整个网络性能下降的现象,严重时甚至会导致网络通信业务陷入停顿,即出现死锁现象。

4. (1)寻址。当一个应用程序希望与另一个应用程序传输数据时,必须指明是与哪个应用程序相连。寻址的方法一般采用定义传输地址。因特网传输地址由 IP 地址和主机端口号组成。

(2)建立连接。在实际的网络应用中,采用三次握手的算法,并增加某些条件以保证建立起可靠的连接。增加的条件是:所发送的报文都要有递增的序列号;对每个报文设立一个计时器,设定一个最大时延,对那些超过最大时延仍没有收到确认信息的报文就认为已经丢失,需要重传。

(3)释放连接。采用四次握手的算法。

(4)流量控制和缓存区管理。

（5）多路复用。

（6）崩溃恢复。

5.（1）面向连接的传输；

（2）端到端的通信；

（3）高可靠性，确保传输数据的正确性，不出现丢失或乱序；

（4）全双工方式传输；

（5）采用字节流方式，即以字节为单位传输字节序列；

（6）紧急数据传送功能。

6. TCP 基于连接，UDP 基于无连接。

TCP 需要较多系统资源，而 UDP 占用系统资源较少。

TCP 是面向字节流的协议，而 UDP 是面向数据报的协议。

对系统资源的要求有差别，TCP 需求较多，UDP 需求较少。

TCP 提供可靠交付，通过 TCP 连接交付的数据，无差错、不丢失、不重复，并且按序到达；而 UDP 提供不可靠交付。

7.

UDP	协议名称	端口号
SNMP	简单网络管理协议	161
TFTP	简单文件传输协议	69
Domain/DNS	域名服务器	53
BootPS/DHCP	引导协议服务器	67

8. UDP 是无连接的；

面向报文；

UDP 不提供可靠性；

UDP 不提供拥塞控制；

UDP 首部开销小。

9.

0	15 16	31
16位源端口号	16位目的端口号	
16位UDP口号	16位UDP检验和	

（8字节）

10. 当对网络通信质量要求不高同时要求网络通信速度能尽量地快，重视实时性，这时可使用 UDP。如网络语音、视频，TFTP 等。

四、应用题

1. 画图说明 TCP 采用三次握手协议建立连接的过程。

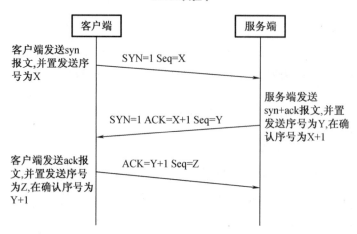

TCP三次握手

客户端发送syn报文,并置发送序号为X —— SYN=1 Seq=X

服务端发送syn+ack报文,并置发送序号为Y,在确认序号为X+1 —— SYN=1 ACK=X+1 Seq=Y

客户端发送ack报文,并置发送序号为Z,在确认序号为Y+1 —— ACK=Y+1 Seq=Z

第七章 应用层

1. B   2. C   3. C   4. D   5. D

二、填空题

1. 管理员/代理

2. 传递控制命令

3. 域名

4. 万维网

5. 同一资源定位符/URL

三、简答题

1.（1）域名结构由标号序列组成,各标号之间用点隔开：

三级域名.二级域名.顶级域名

各标号分别代表不同级别的域名。

（2）电话号码结构为:国家号 + 区号 + 本机号。

2.（1）域名系统的主要功能是将域名解析为主机能识别的 IP 地址。

（2）互联网上的域名服务器系统也是按照域名的层次来安排的。每一个域名服务器都只对域名体系中的一部分进行管辖。共有三种不同类型的域名服务器。即本地域名服务器、根域名服务器、授权域名服务器。当一个本地域名服务器不能立即回答某个主机的查询时,该本地域名服务器就以 DNS 客户的身份向某一个根域名服务器查询。若根域名服务器有被查询主机的信息,就发送 DNS 回答报文给本地域名服务器,然后本地域名服务器再回答发起查询的主机。但当根域名服务器没有被查询主机的信息时,它一定知道某个保存有被查询的主机名字映射的授权域名服务器的 IP 地址。通常根域名服务器用来管辖顶级域。更域名服务器并不直接对顶级域下面所属的所有的域名进行转换,但它一定能够找到下面的所有二级域名的域名服务器。每一个主机都必须在授权域名服务器处注册登记。通常,一个主机的授权域名服务器就是它的主机 ISP 的一个域名服务器。授权域名服务器总是能将其管辖的主机名转换为该主机的 IP 地址。

3.（1）把不方便记忆的 IP 地址转换为方便记忆的域名地址。

（2）作用:可大大减少根域名服务器的负荷,使互联网上的 DNS 查询请求和回答报文的数量大为减少。

4. 不能

5.（1）建立连接：连接是在发送主机的 SMTP 客户和接收主机的 SMTP 服务器之间建立的。SMTP 不使用中间的邮件服务器。

（2）邮件传送。

（3）连接释放：邮件发送完毕后，SMTP 应释放 TCP 连接。

6. POP 使用客户机服务器的工作方式。在接收邮件的用户的 PC 机中必须运行 POP 客户机程序，而在其 ISP 的邮件服务器中则运行 POP 服务器程序。POP 服务器只有在用户输入鉴别信息（用户名和口令）后才允许对邮箱进行读取。POP 是一个脱机协议，所有对邮件的处理都在用户的 PC 机上进行；IMAP 是一个联机协议，用户可以操纵 ISP 的邮件服务器的邮箱。

7. MIME 全称是通用互联网邮件扩充。它并没有改动或取代 SMTP。MIME 的意图是继续使用目前的 RFC 822 格式，但增加了邮件主体的结构，并定义了传送非 ASCII 码的编码规则，也就是说，MIME 邮件可以在现有的电子邮件程序和协议下传送。下图表明了 MIME 和 SMTP 的关系：

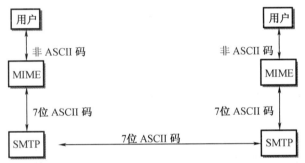

quoted-printable 编码：对于所有可打印的 ASCII 码，除特殊字符等号外，都不改变。等号和不可打印的 ASCII 码以及非 ASCII 码的数据的编码方法是：先将每个字节的二进制代码用两个十六进制数字表示，然后在前面再加上一个等号。

base64 编码是先把二进制代码划分为一个 24 位长的单元，然后把每个 24 位单元划分为 4 个 6 位组。每个 6 位组按以下方法替换成 ASCII 码。6 位的二进制代码共有 64 种不同的值，从 0 到 63，用 A 表示 0，B 表示 1 等等。26 个大写字母排列完毕后，接下去再排 26 个小写字母，再后面是 10 个数字，最后用 + 表示 62，用/表示 63。再用两个连在一个的等号 = = 和一个等号 = 分别表示最后一组的代码只有 8 位或 16 位。回车和换行都忽略，它们可在任何地方插入。

8. 在给定的一对进程之间的通信会话中，发起通信（即在该会话开始时与其他进程联系）的进程被标示为客户机，在会话开始时等待联系的进程是服务器。

9. 不同意，在 P2P 文件共享应用中，一个进程可以既是客户机又是服务器。实际上，在 P2P 文件共享系统中，一个进程既能上传文件又能下载文件。无论如何，在给定的一对进程之间的通信会话中，我们仍能标示一个进程为客户机，标示另一个进程为服务器。在给定的一对进程之间的通信会话中，发起通信（即在该会话开始时与其他进程联系）的进程被标示为客户机，在会话开始时等待联系的进程是服务器。

第八章　局域网技术

1. 由于局域网采用的介质有多种,对应的介质访问控制方法也有多种,为了使数据帧的传送独立于所采用的物理介质和介质访问控制方法,IEEE 802 标准特意把 LLC 独立出来形成了一个单独的子层,使 LLC 子层与介质无关,仅让 MAC 子层依赖于物理介质。

2. IEEE 802 参考模型包括了 OSI/RM 最低两层(物理层和链路层)的功能,同时也包括网间互联的高层功能和管理功能。OSI/RM 的数据链路层功能,在局域网参考模型中被分为介质访问控制 MAC 和逻辑链路控制 LLC 两个子层。

3.(1)静态分配策略包括时分多路复用(TDM)和频分多路复用(FDM),这种分配策略是预先将频带或时隙固定地分配给各个网络节点,各节点都有自己专用的频带或时隙,彼此之间不会产生干扰。静态分配策略适用于网络节点少而固定,且每个节点都有大量数据需要发送的场合。此时采用静态分配策略不仅控制协议简单,而且信道利用率高。

(2)动态分配策略包括随机访问和控制访问。当各网络节点有数据需要发送时,才占用信道进行数据传输。随机访问适用于负载较轻的网络,其信道利用率一般不高,但网络延迟时间较短。

随机访问又称为争用,各个网络节点在发送前不需要申请信道的使用权,有数据就发送,发生碰撞后再采取措施解决。随机访问适用于负载较轻的网络,其信道利用率一般不高,但网络延迟时间较短。

控制访问有两种方法:轮转和预约。无论是轮转还是预约,都不会出现碰撞和冲突。当网络负载较重时,采用控制访问,可以获得很高的信道利用率。

4. 若所发送的帧长小于最短帧长度,将会导致网络节点无法识别该帧,而将之错误地当成由于冲突而异常中止的无效帧。

5. Ad Hoc 网络作为一种新的组网方式,具有以下特点:独立性、结构、通信带宽、主机能源、分布式特性、生存周期、物理安全。

6. 主要问题:传统的无线问题,网络设计约束条件,带宽有限,扩展性。

7.(1)NetWare 操作系统:能建立功能强大的企业内部网络;能保护用户现有的投资;能方便地管理网络与保证网络安全;能集成企业的全部网络资源;能大大减少网络管理的开支。

(2)UNIX 操作系统:可移植性,精巧性,对网络的支持很好具有一致性,多用户,动态连接、共享内存,对初学者而言,使用操作较为复杂,发展、扩散的不可控制性,内核不够灵活,不具备很好的可扩充性。

(3)Linux 操作系统:所有主要的网络协议,硬盘配额支持,全部的源代码,国际化的字体和键盘,作业控制,数字协处理器仿真,内存保护,多平台,多处理器,多用户,多任务,共享的库文件,支持多种文件系统,虚拟控制台,虚拟内存其他更多功能。

8. 网络操作系统按结构可分为三类:对等方式(Peer-to-Peer),文件服务器方式(File Server 方式),客户服务器方式(Client/Server 方式)。具体略。

9. 局域网操作系统的基本功能:文件服务、打印服务、数据库服务、通信服务、信息服务、分布式服务、网络管理服务、Internet/Intranet 服务。

第九章　实用网络技术

一、填空题

1. 虚电路(Virtual Circuit:VC);数据报(Datagram:DG)

2. 分组交换

3. 分组/数据报;虚电路

二、简答题

1. 优点:

(1)节点暂时存储的是一个个分组,而不是整个数据文件;

(2)分组暂时保存在节点的内存中,保证了较高的交换速率;

(3)动态分配信道,极大地提高了通信线路的利用率。

缺点:

(1)分组在节点转发时因排队而造成一定的延时;

(2)分组必须携带一些控制信息而产生额外的开销,管理控制比较困难。

2. 第二层交换技术和第三层交换技术。

3. 第二层交换技术位于数据链路层,第三层交换技术位于网络层。

4. 二者并不是简单的叠加关系,第三层交换机上有 ARP(地址解析协议)表,这是第三层交换机独有的,通过 ARP 映射表可以直接观察网络中计算机的 MAC 地址和 IP 地址的映射关系,并可选定欲控制的计算机条目进行配置。

5. (1)广播风暴是因为当广播数据充斥网络无法处理,并占用大量网络带宽,导致正常业务不能运行,甚至彻底瘫痪,这就发生了"广播风暴"。

(2)一个数据帧或包被传输到本地网段上的每个节点就是广播,当广播在网段内大量复制,传播数据帧,导致网络性能下降,甚至网络瘫痪,这就是广播风暴,为了解决这种问题,就要避免广播在网段内大量复制,可以运用虚拟局域网和第三层交换技术,将大型网络进行分区传输数据,防止在全网段内进行广播,由此避免了广播风暴的产生。

6. 虚拟互联网本身利用了第二层交换技术,在路由的过程中运用了第三层交换技术。

7. (1)静态 VLAN 就是明确指定各端口属于哪个 VLAN 的设定方法。

(2)动态 VLAN 则是根据每个端口所连的计算机,随时改变端口所属的 VLAN。

8. (1)VPN 具有高度的安全性,成本低,容易扩展、灵活性好,并且用户拥有自己网络的控制权。

(2)VPN 使用了四项技术保证了通信的安全性:隧道协议,加密、解密技术,密钥管理技术和身份认证技术。隧道技术通过在公用网建立一条数据通道即隧道,让数据包通过这条隧道传输;加密、解密技术是一项可以直接利用的比较成熟的技术;密钥管理技术确保在公用数据网上安全地传递密钥而不被窃取;身份认证技术实现使用者与设备身份认证。

9. (1)故障管理。当网络发生故障时,必须尽可能快地找出发生故障的确切位置;将网络其他部分与故障部分隔离,以确保网络其他部分能不受干扰继续运行;重新配置或重组网络,尽可能降低由于隔离故障后网络带来的影响;修复或替换故障部分,将网络恢复为初始状态。

(2)计费管理。在商业性有偿使用的网络上,计费管理功能统计哪些用户、使用何信道、传输多少数据、访问什么资源等信息;另一方面,计费管理功能还可以统计不同线路和各类资源的利用情况。

（3）配置管理。计算机网络由各种物理结构和逻辑结构组成,这些结构中有许多参数、状态等信息需要设置并协调。另外,网络运行在多变的环境中,系统本身也经常需要随着用户的增、减或设备的维修而调整配置。

（4）性能管理。性能管理的目的是在使用最少的网络资源和具有最小延迟的前提下,确保网络能提供可靠、连续的通信能力,并使网络资源的使用达到最优化的程度。

（5）安全管理。安全管理的目的是确保网络资源不被非法使用,防止网络资源由于入侵者攻击而遭到破坏。

10. 从广义上讲,"网络安全"和"信息安全"是指确保网络上的信息和资源不被非授权用户所使用,通常把为了保护数据反黑客而设计的工具的集合成为计算机安全。

11.（1）对称加密技术,其特点是无论加密还是解密都公用一把密钥($Ke = Kd$),或者虽不相同,但可以由其中一个推导出另一个。

（2）非对称加密技术,其特点是加密钥不等于解密钥($Ke \neq Kd$),并且在计算上不能由加密钥退出解密钥。所以将加密钥公开也不会危害解密钥的安全,通常把加密钥称为公钥,解密钥称为私钥。

12.（1）操作系统的已被检测性。

（2）无法估计主机的安全性。

（3）有缺陷的局域网服务。

（4）复杂的设置和控制。

（5）易欺骗性。

（6）薄弱的认证环节。

（7）计算机病毒攻击。

（8）物理安全。

计算机网络原理自学考试大纲

一、课程性质与设置目的

（一）课程简介

在当前的国民经济中，计算机网络通信技术应用越来越广泛，地位越来越重要。本课程是关于计算机网络基础知识和网络主流技术的一门课程，是计算机科学与技术、计算机应用、通信工程、电子信息工程专业的一门专业必修课程。

本课程的主要任务是讲授计算机网络的基础知识和主流技术，包括计算机网络的组成、体系结构及协议、局域网标准及主流局域网技术、广域网、网络互联技术、网络应用等。课程要求侧重掌握计算机网络体系结构、体系结构中各层次意义及其相互间关系以及网络互连等知识。《计算机网络原理》课程为将来从事计算机网络通信领域的开发和研究、网络的使用和维护提供必要的基础知识，打下良好的基础，而且还是实践技能训练中的一个重要的教学环节。

通过本课程的理论学习，学生能够理解计算机网络的体系结构和网络协议，掌握组建局域网和接入 Internet 的关键技术，培养学生初步具备局域网组网及网络应用能力，从而为后续网络实践课程的学习打下良好的理论基础。

（二）课程性质、目的与任务

本课程性质：计算机科学和技术专业以及相关专业的计算机网络与应用方向的一门专业课程。

本课程目的：通过学习能够使学生在已有的课程知识的基础上，对计算机网络有一个全面、系统的了解，熟悉网络环境、网络操作系统以及网络基本操作，能对网络资源进行合理的配置和利用，初步具备网络设计和建设能力。

学生在学习完本课程后，具有独立组建和管理局域网、分析网络协议、查找网络安全漏洞、配置简单网络服务器的能力。

本课程的主要任务：

（1）掌握计算机网络基础理论和实用技术，并了解网络的最新技术和发展的趋势；

（2）掌握计算机网络的基本操作和配置，以及组建局域网的基本技能。

（三）课程基本要求

（1）掌握计算机网络的基本概念、基本知识、网络功能和特点；了解网络的发展状况及趋势，理解计算机网络演化过程；了解网络的基本工作原理；理解计算机网络的组成与分类和体系结构、分层模型与接口的特点；掌握标准化参考模型与 TCP/IP 参考模型；了解标准化组织与互联网的标准与管理机构。

（2）掌握组网的有关概念：了解网络服务器、工作站、网络适配器、调制解调器、中继器、集线器、网桥、交换机、网络传输介质和常见网络操作系统。

（3）掌握对等网络的基本概念；了解对等网络的组建与配置、网络资源共享、网络登陆、与其他网络连接。

（4）熟练掌握常用服务器的基本概念、发展及应用；通过对服务器、基本操作、账号管理的讲解，学生能够对计算机网络有更深刻的认识，具有能熟练使用常用服务器的技能。

（5）熟练掌握五层功能及协议原理，熟悉各种相关应用。

主要包含：

掌握 IP 地址分类、子网分类、地址翻译及 CIDR 原理；

掌握 ARP、ICMP、IP 路由、UDP、TCP 协议的原理及其应用；

掌握 DNS 的原理及应用。

二、课程内容与考核目标

第 1 章　计算机网络概述

［目的要求］

1. 掌握计算机网络的分类及性能指标；

2. 理解计算机网络的概念及组成；

3. 了解计算机网络的发展及应用；

4. 掌握计算机网络体系结构、网络协议；

5. 理解计算机网络的体系结构的形成；

6. 掌握 OSI 与 TCP/IP 的体系结构以及区别；

7. 自学教师指定的相关章节。

［教学内容］

1.1　计算机网络在信息时代的应用

1.2　互联网的概述

1.3　计算机网络的分类

1.4　计算机网络的性能

1.5　计算机网络的体系结构

第 2 章　计算机网络体系结构

［目的要求］

1. 了解 ISO/OSI 七层结构及其信息格式；

2. TCP/IP 的层次结构和协议集；

3. 了解 ISO/OSI 和 TCP/IP 的优缺点；

4. 掌握常用网络通信协议的选择。

［教学内容］

2.1　开放系统互连参考模型（OSI/RM）

2.2　Internet 的体系结构

2.3　OSI 与 TCP/IP 参考模型的比较

2.4　几个典型的计算机网络

第 3 章　物理层

［目的要求］

1. 理解物理层的概念和功能；

2. 理解数据通信系统的构成和基本概念;

3. 掌握信道传输速率的计算;

4. 了解数字数据转换成模拟信号、模拟信号转换成数字信号的方法及通信方式;

5. 掌握各种传输媒体及特性,信道复用技术;

6. 了解物理层接口标准。

［教学内容］

3.1 物理层的基本概念

3.2 数据通信的基础知识

3.3 多路复用技术

3.4 数据交换技术

3.5 物理层的传输介质

第 4 章 数据链路层

［目的要求］

1. 掌握数据链路层的基本概念和功能;

2. 掌握 CSMA/CD、PPP 协议的概念;

3. 掌握局域网的含义与组网方式;

4. 掌握扩展局域网、虚拟局域网、高速以太网等网络的体系构成。

［教学内容］

4.1 数据链路层的功能

4.2 差错控制

4.3 基本数据链路协议

4.4 链路控制规程

4.5 因特网的数据链路层协议

第 5 章 网络层

［目的要求］

1. 掌握路由器的作用;

2. 掌握 IP 协议的组成与工作原理;

3. 理解子网划分和 CIDR;

4. 掌握解 ICMP 协议、ARP、RIP 协议;

5. 理解 IP 多播与 IGMP 协议;

6. 要求掌握路由表的使用,能够分析主机路由表;

7. 要求掌握常规命令。

［教学内容］

5.1 通信子网的操作方式和网络层提供的服务

5.2 路由选择

5.3 拥塞控制

5.4 服务质量

5.5 网络互连

5.6 因特网的网络协议

第6章　传输层

［目的要求］

1. 掌握运输层功能和模型；

2. 掌握 UDP 协议的格式、用途；

3. 掌握 TCP 协议的格式、流量控制、拥塞处理机制；

4. 理解端口的概念。

［教学内容］

6.1　传输层基本概念

6.2　传输控制协议

6.3　用户数据报传输协议

第7章　应用层

［目的要求］

1. 掌握 DNS 的转换机制；

2. 了解 FTP 的工作原理；

3. 了解邮件协议的构成和邮件服务的工作原理；

4. 了解万维网 WWW 的基本原理。

［教学内容］

7.1　域名系统

7.2　电子邮件

7.3　万维网

7.4　其他应用

第8章　局域网技术

［目的要求］

1. 局域网内分层结构及基本技术；

2. 各类局域网基本技术及建网技术；

3. 中小型局域网的设计与构建；

4. 网络的日常管理与维护。

［教学内容］

8.1　介质控制子层

8.2　IEEE 802 标准与局域网

8.3　高速局域网

8.4　无线局域网

8.5　移动 Ad Hoc 网络

8.6　局域网操作系统

第9章　实用互联网技术

［目的要求］

1. 了解连接互联网的分组交换技术；

2. 了解第三层交换技术的基本概念和操作；

3. 了解虚拟专用网的基本理论；

4. 查找资料了解翻墙的意义和手段；

[教学内容]

9.1 分组交换技术

9.2 异步传输模式

9.3 第三层交换技术

9.4 虚拟局域网技术

9.5 虚拟专用网 VPN

9.6 计算机网络管理与安全

三、有关说明与实施要求

（一）关于"课程内容与考核目标"中有关提法的说明

在大纲"考核知识点与考核要求"中，提出了"识记""领会""简单应用""综合应用"四个能力层次。它们之间是递进等级关系，后者必须建立在前者的基础上。它们的含义是：

1. 识记：要求考生能够识别和记忆课程中规定的知识点的主要内容（如定义、公式、性质、原则、重要结论、方法、步骤及特征、特点等），并能做出正确的表述、选择和判断。

2. 领会：要求考生能够对课程中知识点的概念、定理、公式等有一定的理解，熟悉其内容要点，清楚相关知识点之间的区别与联系，能做出正确的解释、说明和论述。

3. 简单应用：要求考生能运用课程中各部分的少量知识点分析和解决简单的计算、证明或应用问题。

4. 综合应用：要求考生在对课程中的概念、定理、公式熟悉和理解的基础上会运用多个知识点综合分析和解决较复杂的应用问题。

（二）关于自学教材

《计算机网络原理》，2007 年版经济科学出版社，自考指定书籍，杨明福主编。

（三）课程学分

本课程是计算机及其应用专业（专科）的专业课程，共 4 学分。自学时间估计需 70 小时（包括阅读教材、做习题），时间分配建议如下：

章节	内容	学时分配				合计
		讲课	讨论	实验	其他	
第 1 章	计算机网络概述	4	2			6
第 2 章	计算机网络体系结构	2		2		4
第 3 章	物理层	6		2		8
第 4 章	数据链路层	6		2		8
第 5 章	网络层	10		2		12
第 6 章	传输层	10		2		12
第 7 章	应用层	4		2		6
第 8 章	局域网技术	6		2		8
第 9 章	实用互联网技术	4	2			6

对于自学者来说，阅读一遍书是不够的，有时阅读两遍三遍也没完全弄明白。这不足

为奇,更不要丧失信心。想想在校学生的学习过程,他们在课前预习,课堂听老师讲解,课后复习,再做习题等。所以,要真正学好一门课反复阅读是正常现象。

做习题是理解、消化和巩固所学知识的重要环节,也是培养分析问题和解决问题能力的重要环节。在做习题前应先认真仔细阅读教材,切忌根据习题选择教材内容,否则本末倒置,欲速则不达。

(四)关于命题和考试的若干规定

1.本大纲各章提到的"考核知识点与考核要求"中各条知识细目都是考核的内容。考试命题覆盖到章,并适当突出重点章节,加大重点内容的覆盖密度。

2.试卷中对不同能力层次要求的评分所占的比例大致是:"识记"为20%,"领会"为30%,"简单应用"为30%,"综合应用"为20%。

3.试题难易程度可分为四档:易、较易、较难、难。这四档在每份试卷中所占的比例大致依次为2:3:3:2,且各能力层次中都存在着不同难度的试题(即能力层次与难易程度不是等同关系)。

4.试题主要题型有单项选择题、多项选择题、填空题、计算题、简答题、应用题等。

5.考试方式为闭卷、笔试。考试时间为150分钟。评分采用百分制,60分为及格。考试时只允许带笔、橡皮、尺。答卷时必须用钢笔或圆珠笔书写,颜色为蓝色或黑色墨水,不允许用其他颜色。